无障碍的家

室内设计与改造

易懿 著　刘培 绘

江苏凤凰科学技术出版社 · 南京

图书在版编目（CIP）数据

无障碍的家：室内设计与改造 ／ 易懿著；刘培绘
. —— 南京 ：江苏凤凰科学技术出版社， 2024.6
　ISBN 978-7-5713-4411-5

　Ⅰ．①无… Ⅱ．①易… ②刘… Ⅲ．①住宅－室内装
饰设计 Ⅳ．① TU241

　中国国家版本馆 CIP 数据核字 (2024) 第 109028 号

无障碍的家　室内设计与改造

著　　　者	易　懿	
绘　　　者	刘　培	
项 目 策 划	凤凰空间 / 周明艳	
责 任 编 辑	赵　研　刘屹立	
特 约 编 辑	杜海蕴	

出 版 发 行	江苏凤凰科学技术出版社
出版社地址	南京市湖南路 1 号 A 楼，邮编：210009
出版社网址	http : //www.pspress.cn
总 经 销	天津凤凰空间文化传媒有限公司
总经销网址	http : //www.ifengspace.cn
印　　　刷	雅迪云印（天津）科技有限公司

开　　　本	710 mm × 1000 mm　1/16
印　　　张	8
字　　　数	100 000
版　　　次	2024 年 6 月第 1 版
印　　　次	2024 年 6 月第 1 次印刷

标 准 书 号	ISBN 978-7-5713-4411-5
定　　　价	59.80 元

图书如有印装质量问题，可随时向销售部调换（电话：022-87893668）。

推荐序一
Foreword 1

易懿妹妹是我的邻居，2005 年，她上大学时我们就认识了。我们两家在北京的房子都不大，约 60 m²。我家的室内空间设计得很紧凑，仅能使用简易床架和一些墙面集成家具。当时她来我家里玩，从她欢快的眼神中，我看得出她对家居设计充满了兴趣。她个子高挑，活泼可爱，我和家人都很喜欢这个充满阳光的邻家小妹妹。

她在天津外国语大学读书，成绩很优秀，2009 年本科毕业时，已经获得了一些海外名校的录取通知。她妈妈和我家人经常聊她的事，大家都很开心，对她的未来充满了希望和期待。然而，就在那年的一个夜晚，一个噩耗传来，一场车祸险些夺走了她的生命。凭借着坚强的性格和毅力，她活了下来，但是伤痕累累。由于高位截瘫，她的四肢基本都失去了行动能力。那段时间，我们都无法面对这样的事实：一个 20 多岁充满活力的青春阳光女孩，被命运残酷地折磨到几乎失去了一切。

在很长一段时间里，她默默地艰苦地做着康复训练。常人根本无法想象这其中的痛苦与艰难。但是她坚持下来了。渐渐地，关于她的消息多了起来，她用唯一能动的右手小拇指写文章，成为一名不平凡的作家。她依旧光彩照人，积极出席国内外残障人士的关爱活动，给更多经历人生不幸的人们带去希望。

2023 年，我在网络上看到关于她家改造的小视频，**讲述了如何用 20 万元改造了一个 55 m² 无障碍的家。这段视频在网上引起了很大的轰动，她不是专业的建筑师，但是作为真实的使用者，她从亲历者的角度讲述如何把小小的房子打造成无障碍的宜**

居家园，成为让她可以少求人甚至不求人的温馨小家。作为一名职业建筑师，我为她能够身体力行于室内改造，并提出许多关于设计的建议和思考而感到由衷的钦佩。

我也参与过一些设计标准的制定和设计比赛的评审工作，专家们试图站在使用者的角度去设想他们的需求，大多通过采访或采集数据来分析使用者的行为。但是在无障碍设计中，他们无法真实地感受残障人士生活中那些冰冷与无奈。同时，**大量的设计标准会因为设计需求的普适性而忽略个体的需求，特别是在无障碍设计领域，个体的自身情况千差万别，很难用统一的标准去定义。**客观地讲，当下的无障碍设计标准更多是基于轮椅、拐杖等无障碍辅助工具的使用要求而制定的，而不是基于个体的需求。而一位善于思考和总结的使用者，可以给出更多精准的建议。

在易懿的视角下，无障碍设计不仅有广度，而且有深度和时空延展性。她的设计不只是要达到验收标准，更是要经过长期的使用与检验，以及不断的修正，来真正满足使用者的切身需求。这些修正有着更加重要的价值，或许人类历史上所有的进步，正是基于向好的修正，即在实践的碰撞中不断找寻正确的方向，从而获得最优的解决方式。**看到易懿的这本书，我想她一定经历了很多"不顺"，才让她鼓起勇气打破传统思维定式，打破固化的观念，从而创造属于自己的生活。**

很多时候，我并不喜欢用"无障碍"这个词，抛开其特定的含义，**其实所有人的生活都应该是无障碍的、平顺的、高效且舒适的。因此，设计应从实际出发，去解决或规避现实的问题。**不论好坏，人们的生活总是不断改变的，经历从弱小到强大再到衰老，经历观念和技术的改变，很多人还会经历经济发展的起伏，我们的设计无非是要去适应和顺应这些改变，让一切来得不再那么生硬。**因此，我更加欣赏易懿将所谓的无障碍设计理解成一种**

个性化、人性化、定制化的设计，并且付诸实践。 或许相比具体的细节设计，这样的理念和思考更加重要。她鼓励人们主动地去思考，去选择，去布置，而不是简单地被安排。

从易懿的文字当中，我们可以看到她开阔的思维、对细节的把握、对日常的观察和对生活的态度，这些不仅成了她的经验，而且已经融入了她的价值观念中。**这种敢于突破、努力创新的价值观才是战胜一切困难，让无障碍设计扎根于生活中点点滴滴的根本。** 这条路很长很艰辛，易懿正以自己的方式，教会所有人如何成长。

郭海鞍

中国建筑设计研究院副总建筑师

建筑学博士，教授级高级建筑师，一级注册建筑师

推荐序二

Foreword 2

　　最近一次见易懿是 2023 年夏天她来广州找我。**那次她跟我说了两件事，一件是要出书，一件是要申请去纽约读书。现在她人已经在纽约，书也出来了，真替她开心。**

　　去西安拍摄易懿家的过程很曲折。2021 年，我们栏目组就收到了她闺蜜的来信，她想通过我们让更多人看到这个用心打造的家，也就是易懿口中的"双轮畅行的无障碍之家"。当时我跟团队小伙伴就不约而同地同意了。我们跟易懿约了十多次，因为新冠病毒感染疫情等突发原因耽搁，直到一年后才最终成行。

　　开拍之前，我和团队小伙伴都很担心，因为我们没有拜访过这种类型的家。往常拍摄前一晚的内部讨论都挺轻松的，因为已经做足了准备，但我记得拍摄易懿家的前一天晚上，大家好像都很紧张，一直在讨论各种细节：拍摄时怎么安排她的休息时间，不要说哪些词语，拍照时的姿势是坐着还是蹲着更好……

　　在拍摄现场，易懿的开朗健谈缓解了我的紧张，她还一直在张罗、关心大家饮水用餐。听说这次我们没吃到西安凉皮，就很懊恼，说早知道就给我们准备了。**而她的家和她本人一样温暖舒适。**一推门就是满眼绿色，让人感到放松又自在。最特别的一点是，轮椅能在这个家畅行，大到门框，小到一个开关，都是按需求定制的。家中无障碍的装修细节都是她自己摸索实践出来的：

　　室内没有任何台阶；

　　洗手台下方要留"容膝空间"，且洗手台最低处要不低于 70 cm，保证大部分轮椅都可以推进；

洗手间的门框要开大到 130 cm，方便轮椅通过；

采用声控设备，语音操控窗户、窗帘、灯光。

············

　　易懿说，她平时外出时发现，虽然很多公共洗手间有无障碍设施，但扶手的杆子她根本够不着。普通人轻而易举的动作，对这个人群来说都要克服难以想象的困难才能完成。**她想要让更多人知道无障碍设施的重要性，便专门把自己总结的经验整理成了一张表，每一个空间的功能、桌椅的高度宽度等写得一清二楚。**我们问她能不能将这个表分享给栏目读者，她毫不犹豫地答应了。**在她看来，"每个人的人生中一定会有一个时段，是需要这些设施的，拿着沉重行李赶路的年轻人，推婴儿车的父母，腿脚不便的老人……但当你需要时再去关心，已经来不及了。"**一年后，我们的《100 个中国女孩的家》拍摄进程才刚过半，她已经让这个目标更进一步，将无障碍家居的经验结集成册面世了。

　　因为自己淋过雨，就想给别人一把伞。这位美丽有爱的西安女孩儿用自己的方式在地球上留下了属于自己的那一条车辙。

推荐序三
Foreword 3

作为一名热爱室内设计的设计师，无障碍的考量在我的空间设计中非常重要。**它不仅是一种趋势，更是一种承诺，承诺为每个人打造一个适配且舒适的环境，无论他们的能力、年龄或需求如何。**无障碍设计原则成为我创作的灵感之源，让我能够将创意与关注个性化需求结合在一起。

首先，无障碍设计不仅要符合法律规定，还要创造一个真正的自由舒适的空间。在空间规划时，确保通行空间宽敞，适合轮椅和辅助设备的使用。**在布局中留出灵活的空间，让每个人都可以自由地在其中移动。**

其次，**在设计中要注重细节，关注每一个重点。**对家具高度、形状和材质进行深入的思考，以确保它们不会成为实际生活中的障碍物。选择柔和的色彩和自然的材料，以营造温馨舒适的氛围，体现出室内空间的美好。

然而，**无障碍设计并不仅仅是一些规则的产物，更是一种创新的机会，即创造一个真正共融的空间，让每个人都能够在其中找到归属感和舒适感。我相信，无障碍设计体现的不但是诸多技巧，而且是一种态度、一种对多样性的尊重和保障意识。**通过设计来传递这种态度，给予每个人关怀和尊重。

易懿的家居空间改造，采用开放式的收纳手法，将四周的围合空间全部作为储物空间，尽可能使不大的房间成为主要的活动区域，这样在动线上也会友好很多。

作为设计师，赋予房间更多的人性化考量，并不是简单地配备水、电、气、暖等必要的生活设施，也不是满足用户简单的生活居住条件。**合理科学的设计规划是在找寻点亮这个住宅的火花，赋予其更多的交流方法和情感。每当易懿打开属于她的这扇门，都能沐浴在温暖之中，这个有温度的家会给她一个拥抱，就像一个知己，深知她内心的喜悦和忧虑，给她安宁和勇气，以继续前行。**

　　随着无障碍设计理念越来越深入人心，我们期待未来的设计更加关注多样性和人性化。从开放的建筑环境到室内家居环境，从公共空间到私人空间，无障碍设计的理念将被更广泛地应用，为每个人创造更多的机会和可能性。同时，无障碍设计的推广也需要政府、企业、设计师和社会各界的共同努力，从规范制定到人文关怀，从环境建设到心理层面，共同营造一个真正的无障碍社会。

赵弟

室内设计师

前言

Preface

在接到凤凰空间编辑约稿时，我的第一反应是拒绝。我不是专业的设计师，也没有完备的理论基础，怎么可能去写一本这么专业的书籍？在小心翼翼地咨询了几位建筑设计领域的朋友后，得到的反馈是：这是一件好事，因为很少有真正的使用者能够很清楚并且完整地、系统化地表达他们自己对于室内空间无障碍设计的需求。**或许，我可以作为一个连接和沟通的桥梁，从使用者的角度去展现室内无障碍设计的可行性和重要性。**

最初在装修自己房子时，并没有想过我的经验或者最终落地的案例能给其他人带来帮助。当越来越多的人找我询问相关设计和改造细节时，我发现自己竟无从说起，或者说因为事无巨细，我很难一两句话表达清楚。在接到约稿的契机之下，我这个非专业人士摩拳擦掌，有点儿班门弄斧却全心全意地开始规划书稿内容。这个领域的专家很多，我们国家也在不断地投入并积极推动无障碍环境的建设。《中华人民共和国无障碍环境建设法》于2023 年 6 月颁布并于 9 月实施，更是里程碑式的进步和发展。我也丝毫不想掩饰自己的一点点"野心"，或者说是私心。**这个"野心"就是希望在无障碍设计或者适老化改造的路上，把一些不一样的思想和观念传递给那些和我有同样需求的人们。**

关于室内无障碍设计，我虽然不是科班出身，但是自己已经坐轮椅十多年。在这段时间里，我去过很多国家，用过不同的无障碍设施，我深知自己的需求，并且把自己觉得好用的设计都存在了脑海里。当我对自己的工作室进行改造时，十分清楚自己需要什么，也很明确自己所期待的无障碍空间应该是什么样子。所以，本书的前半部分是根据我自己的设计改造经验和真实案例来展开的，可能并不适用于每一个人，但是其中一定会有读者需要的设计理念和想法。**在此强调的是，我写本书的目的不是提供专业性的标准或者指导意见，而是期望它能给读者带来一些启发或者灵感，无论是设计师还是有无障碍需求的业主。**

在本书的后半部分，我"夹带私货"地写了一些我这些年学到的和理解的无障碍设计和包容性设计的概念。我希望能通过这样的形式，将不同的理念传递给更多的人——**无障碍设计并不只是为了某个特殊群体而服务，也不是所谓的公益或者慈善，它的本质应该是尊重个体的多样性，并直面人类生命的脆弱性。**这不是事不关己的隔岸观火，而是每个人都可能有需求的未雨绸缪。

感谢中国建筑设计研究院副总建筑师郭海鞍先生在本书创作过程中提出的非常专业且有指导性的建议，正是因为有这位邻家大哥哥的鼓励和专业支持，才让我更有信心地写下每一个字。感谢著名时尚博主黎贝卡女士，借由她的栏目让无障碍设计理念被更多的人看到和了解，如果没有《100个中国女孩的家》这个栏目，可能就不会有后续的故事。感谢我的设计师赵弟先生，因为有他，我才能将心中所想一一落实。感谢这本书的绘图师刘培女士，将概念用图示直接明了地展现在读者面前。还要感谢每一位为了这本书面世而努力的策划编辑和编辑团队。

我深知自己不是权威的专业人士，但是这本书如果能给这个领域或者这个行业带来一些不一样的声音，那么它就是有价值的。我如此胆大妄为，也是想打破限制和突破障碍，毕竟没有人比我更懂自己的需求。**希望我能帮助本书的读者厘清思路和需求，并且打造一个属于您自己的无障碍又温馨舒适的家。**

易懿

目录
Contents

第 3 章
科技助力无障碍家居

第 4 章
尊重生命的多样性

1

第**1**章

当我们在谈论
室内无障碍设计时

无障碍设计要点：

☑ 无障碍设计的关键是适合业主，打破常规认知；

☑ 无障碍设计没有绝对标准，要把尊重个体需求放在第一位；

☑ 无障碍设计的首要目标是安全，在此基础之上是方便；

☑ 无障碍的概念是立体的，需要多方面的考量；

☑ 无障碍设计的尺寸因人而异，不应被"标准"限制；

☑ 改造前对无障碍环境需求的评估要从还原使用者真实生活状态入手。

1 打破固有思维，
你的家不需要和别人一样

有人说，家让人们在纷乱的世界中知道自己有所归处；有人说，家能让人们在夜幕降临的灯火阑珊时坚定自己心有归途。

一个"家"字，可以让职场中身披铠甲的勇士们触碰内心里最柔软的土壤；一句"回家"，可以让无处安放的情绪和迷茫找到最可靠的停泊之处。

每个人都幻想拥有一个属于自己的家，这个空间或大或小，或奢华或简约，可以热情洋溢，也可以温暖心窝。室内设计的奇妙之处就在于把看似千篇一律用钢筋混凝土搭建的空间通过装修和改造，注入和主人同样的"基因"，如此一来，空间才能称为属于某某人的"家"。

家和酒店这类临时住所不同，虽然都能落脚过夜，但酒店的设计只是为人们提供了最基础的需求。无论多奢华的星级酒店，豪气多数都体现在装修的程度上，设计内核也只能满足大众的普适性期待，即便是拥有豪华泳池和健身房，但无论是从内心归属感还是使用习惯来说，也很少有人心甘情愿地把酒店称为"家"。好的室内设计一定和业主有着紧密的联系，一方面要关照居住者的情绪，满足其需求，另一方面要最大限度地提升居住者的生活便捷度，事无巨细的考量有助于让舒适度和美观度达到最大限度的平衡。所以，对于"家"这种具有强烈个人色彩的空间，很难评判什么样的设计才是最好的设计，因为只有适合主人的才能称之为好的设计。

那么，什么样的室内设计才是适合自己的呢？在专业的设计师回答这个问题之前，首先应该试问自己。**房屋主人知道自己需要什么才是实现好设计的第一步，清晰明确的需求是合理展开设计的基石。**但真实情况是很少有人清楚地知道自己的需求，再专业的人也只能通过了解喜好和推测来进行设计，大多数失败的案例就是把自己以为正确的当作主人真正的需求，当需要苹果的人被给予了梨时，难免造成资源的浪费和情绪的不安。我们通过各种渠道获取大量的家装设计案例，这些案例里有不同的风格，无论是中式复古风还是欧式古典风，都能看到相似的格局和布置、家具和摆设。在传统的固有思维里，客厅内一定要有沙发，餐桌旁边一定要有吧台。如果生活中确实需要，这些东西当然必不可少，但是否每个人都需要它们呢？或者说，有多少人有勇气把这些别人家都有但是自己用不到的东西扔出家门？**所以，当我们在讨论室内无障碍设计这个更细化的方向之前，首先要奠定一个基调，那就是要相信并接受你的家不需要跟别人一样！**

无障碍设计并不是只为少数群体服务，也不是一个应该被"特殊关照"的领域，而是应该自然而然地出现在每一位设计者和使用者脑海里的选项之一。这是一个尊重个体差异化需求的思考过程，就像是摄影师需要一间暗房、孩子需要娱乐空间一样，老人或者身体有障碍的人群的需求从来不应该被忽视。关于无障碍设计，我国出台过相关标准（《建筑与市政工程无障碍通用规范》GB 55019—2021，自2022年4月1日起实施），主要用于指导公共场所的建筑和设施的设计建设。但室内无障碍设计概念和诉求更为个性化、私人化和定制化，因此它并没有专业的标准。**本书的目的并不是订立标准，而是从探讨的角度以分享案例的方式抽丝剥茧式地提出一些思路，从而帮助每**

个人从室内无障碍设计的视角挖掘和评估自身的差异化需求，在求同存异的基础上，让每个人都能拥有一个真正属于自己的方便、好用又温暖的家。

　　以下是我装修时整理的意向清单和空间划分表，大家可以按照自己的实际需求选择适合你的家居风格和空间布局。

装修意向表

风格意向	主要配色	需求
北欧风格、轻法式风格	白色、孔雀绿色	简单、实用、智能、无障碍，空间可实现多功能转换

装修空间划分表

空间	需求要点	其他需求及注意事项
客厅、餐厅	要有办公区、接待区	配备 L 形办公桌、可折叠壁桌、会议桌、阳台休闲区、墙面装饰、电暖气、餐桌壁灯
卧室	可作为影音室、会客室	配备壁床、投影仪、有储物空间
卫生间	无障碍设计	定制设施、尺寸适宜
厨房	要有茶水间、功能厨房	配备储物间、制冷空调

纵观全局，将安全空间最大化

提起设计，人们脑海里第一个想到的一定是美观或者有创意。但是我想说，在做无障碍空间设计或改造的过程中，**我们虽同样追求美观和新意，但"安全"是基石。**

对于轮椅使用者、低视力人群、老人或者孩子来说，地面的障碍物都存在非常大的风险隐患。 如果地面有台阶或者不平整，那么轮椅使用者或肢体障碍者很难通行，同时会增加有视力障碍人士的风险，老人和孩子也经常会跌倒和摔跤。很多有台阶的房子在空间层次的设计方面可能是上佳的，但使用起来并不友好。我身边有不止一个人讲述过他们自己或者家人在室内因为地面不平或者不防滑而摔倒的例子，轻者崴脚，严重的甚至是骨折需要住院做手术。对于年长的人来说，骨折或者术后长期卧床的风险更大，甚至有威胁生命的可能。不要觉得这么说是危言耸听，认为一两个小台阶不可能造成多么严重的后果。

大部分老年人上了年纪，视力会渐渐变弱，听力变差，肌肉力量下降，平衡性不好，由于神经系统疾病等原因，会更容易跌倒。 如果再加上客观的空间环境有障碍，跌倒的风险有可能倍增。研究显示，跌倒是全球非故意伤害死亡的主要原因，每年造成约 64.6 万人死亡，其中 65 岁及以上的老年人所占比例最大。在中国，每年都有 2000 万人次的跌倒事件。2016 年世界卫生组织在《中国老龄化与健康国家评估报告》中指出，跌倒已成为老年人伤残、失能和死亡的主要原因之一 [数据来自 2018 年中国老年健康影响因素跟踪调查（Chinese Longitudinal Healthy Longevity Survey,

CLHLS）］。

室内无障碍设计和适老化改造一定要在安全的基础上达到方便的效果，因此避免室内空间地面不平整，保证防滑及空间的通达性，在肉眼可及的范围之内尽量做到无隐患是非常重要的。在我们开始看到房屋的户型图或者进行空间改造时，这一点就要深深地刻在脑海里并且成为设计的必要前提条件。

另外，为了减少家具的占地面积，建议尽可能地把可以安装在墙上的家具进行定制，这样可以减少对地面空间的阻碍，最大限度地避免脚下磕碰，这也是在室内无障碍设计过程中需要重点考量的部分。

3 无障碍，
从考虑多方面的通达性开始

在空间安全的基础上，无障碍设计也要讲究多方面的通达性。除了地面通畅无阻，使用者各方面的感受也都需要被照顾到。无障碍和适老化设计常常被联系在一起，因为两者的需求有多方面的重叠性和相似性。随着岁月流逝，人体的机能会发生许多退化，比如听力和视力减退之后，所面临的困境就同听力或视力障碍人群是一样的。无障碍的家居环境设计，既要照顾到使用者腿脚的不便，又要保证声音的传播和视觉的传达。避免过多的阻隔，保证五官能及时接收到准确的信号，这可以帮助居住者更好地预判和规避风险。

在进行无障碍设计时，房间的采光和照明同样需要进行多方面的考量，避免出现眩光，或是因光线不足而影响视觉。除自然的采光之外，灯光的色温和亮度需要根据实际空间和场景进行设定。例如，在起夜时若有夜灯，则可以降低在黑暗中磕碰的风险。选择室内装饰品的色彩、建材的材质和肌理时，也要考虑反光、折射所造成的视觉影响，避免因色彩对比强烈及花纹图案造成视觉误差，从而影响视觉判断。同时，还要避免过多的遮挡或者复杂的动线，让视线更加清晰。

在听觉方面，既要降低室外的噪声，又要保证室内居住者之间有良好的沟通环境，以及保证独居者同外界的沟通渠道畅通，以确保紧急情况下的求助被及时回应。

总之，室内的无障碍设计是多方面的综合考量，从肢体到感官，再到心理，既要有把控全局的意识，又要有兼顾局部的考量。

4 尺寸，没有权威

尺寸，是室内设计中无法避开的词语。对于普适化的家庭装修来说，很多人期待有一个标准的尺寸表用来参考，按照尺寸表来做设计，不会错得太离谱。在我的工作室装修好之后，被询问到最多的也是关于尺寸的问题，这个时候我只能笑而不语。**不是说在无障碍设计中尺寸有多神秘，而是以个体需求为导向的设计，在尺寸上一定是存在个体差异的。**再加上每个人适配的辅助器具不同，适合的尺寸更是千差万别。如果我很不负责任地告诉你，桌子要做 80 cm 高（我自己的办公桌高度），那么你很有可能会责备我信息有误，因为对一些小个子或者轮椅比较低矮的人来说，这个桌子的高度就太高了。

再比如在不同国家或地区，根据国民身材标准所做的无障碍设计尺寸也有所不同。在德国的无障碍酒店房间里，因为德国人普遍身材高大，我明显感觉到坐便器高度比一般的高，即便是我这种高个子的人，坐在坐便器上双脚也没有完全落地。但是在国民身高普遍较低的国家，又会感觉到坐便器高度略矮。**所以无障碍设计的尺寸没有全球统一标准，即便是全国的统一标准也不一定适合每一个人，我们在对自己家进行设计时，也只能拿一些建议的尺寸标准作为参考。**

在本书中，"回转半径"和"容膝空间"这两个词将会被经常提及，因为它们是为轮椅使用者进行无障碍空间设计时最基础、最重要的两个要点。**回转半径指的是轮椅或者其他辅助工具清晰回转所需的最小半径。**容膝容脚空间（knee and toe clearance，简称"容膝空间"）是指容纳乘轮椅者腿部和足部并满足其移动需求的空间，通常位于台面下部。在英文里，通常会用"accessible"来表达"无障碍"的意思，如果用字面直译就是"可达性"。如果回转半径和容膝空间的尺寸设计不够合理，那么轮椅使用者就无法触及自己家里的每一个空间，无障碍设计也就无从谈起。

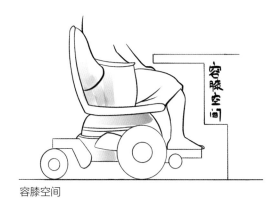

容膝空间

我们在公共场所也经常能看见一些无障碍设计，如轮椅咨询台。这些咨询台的设计者都有容膝空间设计的意识，而这些设计的方案是根据一些基础的标准化尺寸制定的。但是，当真正的使用者使用时，就会发现仅有 20 cm 的进深完全不够容膝，这样的尺寸标准也形同虚设。有一次，看到一个养老院的建筑设计宣传彩页，宣称说养老院拥有无障碍的环境。其中一张示意图上是老人在花坛旁边，想展现花坛的容膝空间设计，表达老人坐在轮椅上也可以亲近自然。可是图片上真实反映出来的是容膝空间尺寸根本不够，坐在轮椅上的人无法像站立者一样近距离地贴近花坛。设计者在自己身体机能完全正常的情况下，想象着设计的适用性，却忽略了大多数需要无障碍设施的群体，都是因为身体机能的一些欠缺才需要特别设计的现实，所以不是设计师认为的适用就是真的适用。

那么你一定会问，尺寸到底该怎么设计？我在没有经验的情况下设计错了怎么办？

放轻松，拿起手中的尺子，让自己的感受和体验成为权威，忘记标准尺寸表，自己的家自己做主，一定要根据自己的真实需求来确定尺寸。尺寸就跟鞋子是一个道理，到底是否舒适只有自己知道。

如果还是觉得不放心，那就找一个专业的设计师，跟他一起通过实际的模拟和沟通讨论，最终确定适合自己的尺寸。

如果你是专业设计师，刚好读到这里，那么在未来如果给业主做无障碍的家居设计时，一定要真实地考察使用者的需求并测量设计尺寸。如果只是简单粗暴地用一些公共无障碍设计标准来做室内无障碍设计，那么这个室内无障碍设计方案落地后有可能会形同虚设。

5　你了解自己的需求吗?

很多人问我，理想的无障碍家居环境应该是什么样的? 我的答案是——让人没有被"刻意关照"的感觉。

随着社会的进步和发展，**越来越多的设计者开始关注个体的感受和需求。**大到高铁、汽车，小到餐具、水杯，处处都在努力彰显更为先进的"以人为本"的设计理念。室内无障碍设计或改造其实并不是很多人想象的那样大动干戈，或者是高新技术、高难度的巨大工程。相对于技术难度来说，需要设计者不遗余力地费尽心思才是成功的关键。**如果空间设计者和我一样是为自己而设计，就要激发自己捕获日常需求的能力并通过设计来满足需求; 如果设计师是为他人而设计，那么就需要极强的同理心，感受委托人的真实需求，并和他一起完成设计。而真正好的设计，是润物无声般的恰到好处，更是用心却不刻意的巧思。**

无论是毛坯房还是旧房改造，在动工装修之前都应该有一个规划。大多数人在初次面对这个问题时很难马上回答出来，有人可能会大脑一片空白，有人会因为想法太多而杂乱无章，即便是思路清晰的人，也会在理想和现实之间犹豫。当我们无法很好地回答这个问题并明确设计目标时，**最好的办法就是还原房屋居住者的生活路径，**居住者包括家庭成员或者需要长期住在这个空间里的其他人员。**我不断强调的是: 无障碍设计不是为了满足部分人的需求而为难另一部分人的设计，它必须要兼顾房间里每个人使用的便捷性，否则无障碍设计又变成了其他人的有障碍设计，它要既满足个性化需求，又具备通用性。**

6 挖掘差异化需求，从还原业主的日常生活开始

以我家的户型为例，剖析一下如何明确个体需求和设计目标。

通过户型图可以看到房屋格局相对规整，要改造的空间并不是很多。由于我是轮椅使用者，所以对房间的通达性和轮椅回转半径有着比较高的要求，**能否在有限的空间里让轮椅做到随处可达是室内设计的首要需求**，在此基础上如何能更加便捷地在空间里生活和工作是设计的进阶要求。在面对设计取舍时，要保证最基础的需求，然后精益求精，**用良好的方式达到平衡是设计最有魅力的地方**。

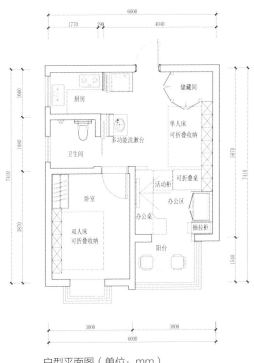

户型平面图（单位：mm）

　　无论是找设计师现场看房还是自己实地规划之前，都要闭上眼睛回忆一下自己的日常生活习惯，并且畅想一下现在想要却无法在已有的空间里实现的生活状态。思考路径可以从两方面入手：**一是当你推开门进入家中时会做什么，二是当你早上从下床的那一刻开始你会做什么。**如果你没有办法自己连贯地想下来，可以回答以下几个问题：

　　当你进入房间时，换鞋或者整理轮椅的空间是否足够大？

　　当你想开灯时，什么样的高度或者方式是最轻松的？

　　当你进入房间想洗手时，怎样的路径最便捷？

　　当你在客厅休息、喝茶或者用餐时，怎样设置更舒适？

　　当你在家学习或工作时，什么样的书桌能提高你的效率？

　　当你使用厨房时，遇到的困难是什么？

　　当你做家务时，可能遇到的障碍是什么？

　　当你晚上起夜时，最大的困扰是什么？

　　个人案例虽然可能无法覆盖有身体障碍的所有人群，但是鉴于我自己是比较严重的肢体失能情况，因此我想我的大部分需求都可以作为肢体障碍人群的需求进行参考。

　　从进门那一刻开始，由于我没办法使用钥匙开门，也很难触及密码锁，所以门锁最好有人脸识别功能，并且在识别的第一时间不需要手动推拉就可以将大门弹开。防盗门的下方门槛也要尽可能地做到平整，**地面高差最好不要超过 1 cm。**

　　我需要足够大的玄关空间，但是不需要鞋凳，因为我一般都坐在轮椅上穿鞋。玄关空间最好有镜子可以整理着装，下雨时要有空间清理雨水、整理雨具。

　　我家中的开关高度需要触手可及，按照我自己坐在轮椅上伸手的高度测量确定。

　　我想以最短的路径直达洗手池、卫生间，减少细菌停留在更多角落的可能性。

我需要很舒适的就餐或者喝茶空间，最好还能看到电视机，桌子的高度要适配轮椅的高度，我不需要沙发。

我是居家办公者，每天使用办公桌超过 8 小时，而且办公桌一定要足够大，方便我拿到需要的电子产品。

虽然我不使用厨房，但是要保证我进出厨房便利且他人使用方便，需要洗碗机减轻家人的劳动负担。

我需要智能家居设备，方便打扫和晾晒衣服。

我和陪护者都需要舒适的独立睡眠空间，但是同时要方便陪护者照顾我起夜。

户型整体布局图

　　以上回答只是一个大概的方向，室内设计里会有更多的细微需求的考量，但是通过这些问题可以了解自己最基础的需求，也就是定好大的框架。在之后的每一个空间详解里，会逐一介绍我们是如何一点一点把房子变得适合我自己使用的。

房间效果图

第 2 章

从回家那一刻起，
一切都应该变得得心应手

装修需求要点：

☑ 解决地面高差问题是无障碍改造的第一步；

☑ 用细节设计解决痛点；

☑ 通过定制家具解决空间和无障碍环境间的平衡问题；

☑ 颜色、材质、照明等也是无障碍设计中不可忽视的因素；

☑ 小而美的空间设计能增加人文关怀。

1 脚踏实地，从解决高差问题开始

消灭回家的"门槛"，是让人安心的第一步。

在中国传统建筑里，"门槛"既有功能性，又有丰富的含义。古代的人们提高门槛既可以保暖、防湿、防潮、防虫鼠，又可以彰显主人的身份地位。但当我们从无障碍环境的角度考虑时，很多著名的庭院作为观光景点只能让肢体障碍群体望而生畏。

虽然现在我们在城市的楼房中已经很少见到高高的木制门槛，但是大多数防盗门下方的门槛都会和地面有一定的高差，对于年轻人来说，只是抬抬脚的事情，但这容易导致腿脚不便的人摔倒，如果是推行轮椅，则更加困难。

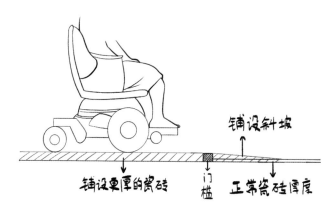

解决地面高差问题方法示意图

在我的房子进行改造之前，每次进大门时，我都需要有人帮忙把前面的小轮抬起来，然后用力推动后方的大轮前行才能进入室内。使用电动轮椅时更为麻烦，每次都要做好冲刺的准备，虽然可以加足马力冲过门槛，但是每次都要提心吊胆，因为在颠簸的过程中还要承担跌下轮椅的风险。**解决门槛内外高差问题的方案有两种：一种是整体抬高室内地面的高度，比如铺设更厚的地板或者瓷砖，但是因房屋条件各有不同，这并不能完全解决所有的高差问题。在此之上，还可以为门槛铺设斜坡，提高轮椅的通行能力。**

很多人会忽视门槛的问题，认为使用频率不高或者影响比较小，但是当家庭成员里有轮椅使用者时，这将是每天进出门时不得不面对的困难。

𝟐　玄关的秘密

玄关无障碍设计要点：

☑ 一键开关　　☑ 辅助支撑
☑ 可视化设备　☑ 合理的置物和清洁区域

　　玄关，是将家内外分隔的一道界限，不仅是物理边界，更是人们的心理边界。如何在入口处开关灯？进门时如何换鞋？尤其是在突发公共卫生事件时，如何整理和清洁以防把细菌带入家中？这些都是大家关心的问题。

开关的高度和设置

　　当我们拖着疲惫的身躯从外面回来，从拿起钥匙打开家门的那一刻开始，家就是承载身心的港湾。得心应手地点亮一盏灯，对于普通的业主来说可能是再小不过的事情，但是对于有无障碍需求的群体来说，开关的高度和设置需要被仔细地考虑。在一般的设计里，大多数人都习惯了举手去开灯，但实际上如果可以下调开关的高度，不仅可以照顾轮椅使用者，而且不会对其他家庭成员造成影响。就像我的房间，所有的开关和插座都下移至坐姿状态下触手可及的高度，我的家人也可以不用举手随时开关，这样的高度改变并不会给他们带来不便。

玄关入口处的一键开关是一个看起来不起眼，但是大有用处的设计。我们在很多酒店都发现有一键关闭所有灯设置的开关，对于比较健忘，或者不方便每次离开家都挨个去关灯的人来说，这个一键开关不仅方便实用，而且省电环保。如果对这个小功能有需求，在前期设计时就需要设计师提前考量线路和电位。如果前期考虑不充分或者只是进行老房子的局部改造，还可以利用智能一键开关进行全屋的灯光设置。

辅助支撑和临时座椅设计

一般情况下，普通的房屋一进门就是鞋柜，对于无障碍设计来说，还需要考虑平衡能力不好的人无法站着换鞋的情况。**比如辅助的扶手或者能让人暂时坐下的墙边凳，都可以根据业主的需求酌情添加。辅助支撑和临时座椅已经普遍地应用到普通的家居设计中，由此可见，无障碍设计能方便许多人的日常起居，并不一定只是针对某一个特殊群体。**

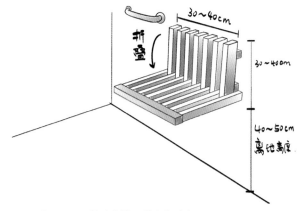

墙边凳和扶手，用于辅助支撑和供人临时坐下

解决挂衣区高度问题有妙招

换完鞋就要挂衣服，挂衣区的高度也很有讲究。**一般来说，**

普通的挂衣区高度都是以多数成年人伸手可及的尺寸区间为标准的，但是对于轮椅使用者来说，就需要以坐姿状态下伸手能触碰的高度为准。如果这个房间仅是轮椅使用者使用，高度尺寸按照自身需求测量确定即可。但是对于大多数中国家庭而言，这个高度就不能只是为了一个人方便而忽略其他家庭成员的感受和需求。需要再次强调的是，无障碍设计的通用性和包容性并不是排他的，也不是牺牲某一个群体的需求去照顾另外一个群体。

　　办法总比困难多，以人类的智慧，我们一定可以用合适的办法让更多的人通过设计获益。比如挂衣区的高度问题，我们就可以通过"洞洞板"来解决。通过在洞洞之间灵活地移动衣服挂钩，不仅可以让每个家庭成员拥有属于自己高度的专属衣架，而且可以自行制作置物板和钥匙架，连小朋友都能拥有一份回家的归属感。其实无障碍设计在物质层面上是方便人的使用，另外在心理层面上，**可以让每一个人拥有归属感和掌控感，无论是老人还是孩子、健康还是患病，都能从中获得更好的居住体验。**

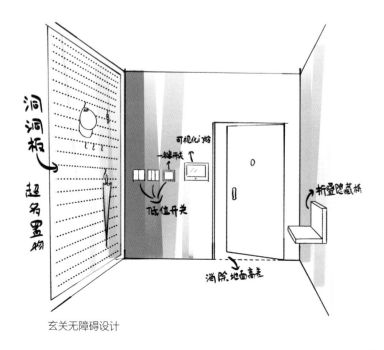

玄关无障碍设计

◈ 清洁区域

　　清洁是另外一个重要的问题，但是大多数房屋由于户型局限，洗手池可能离入户门很远。在房屋格局允许的情况下，我建议在靠近玄关的地方设置清洁区，因为轮椅使用者从外面回家之后，大多数的灰尘和细菌都会通过轮椅的轮子带入房间，而他们不可能像普通人脱鞋那样方便地更换轮椅。如果在进门的区域设置清洁区，就再好不过了。**很多轮椅使用者都有入户清洁轮椅轮胎的苦恼，如果没有条件设置洗手池，就要考虑在玄关区域设置摆放清洁用品的地方，比如刷子和抹布的挂架等。**

　　最初，我家的洗手池是背对着入户门的，我进入房间后，如果想洗手或者清洁轮椅，都要绕半圈才能到达洗手池，且整个空间显得非常局促。为了在有限的空间里使整个房间动线更加的简洁，我把洗手池的方向调整了90°，在卫生间和厨房之间打造一个连接的功能区，同时拓宽了客厅的视野。这样，在进门挂好衣服之后，我就可以直接靠近洗手池进行清洁和消毒。

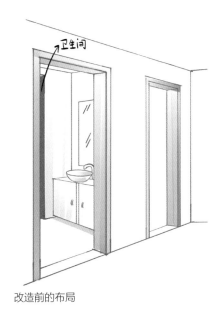

改造前的布局

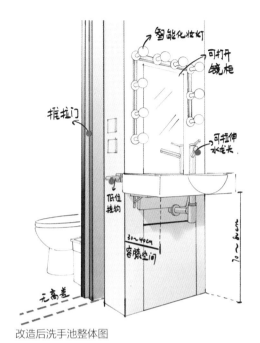

智能化妆灯

可打开镜柜

推拉门

可拉伸水龙头

低位挂钩

30~40cm 容膝空间

70~80cm

无高差

改造后洗手池整体图

改造后洗手池实景

改造后的使用场景

◈ 可视化智能门铃和视觉提示信号灯

近些年，可视化门铃已经被很多年轻人接受，业主可以在不开房间门锁的前提下掌握门外的情况，方便与未知的来访者进行沟通。随着科技的进步和设备的不断升级，可视化智能门铃还可以进行影像的记录和保存，从而为家庭提供安防保障。有的智能门铃还可以通过系统与卧室或者其他房间的智能设备相连，解决了人不在客厅时很难听到敲门声的问题。

视觉提示信号灯对于听力障碍人士非常重要，失聪群体或者患老年性耳聋的长者往往很难听到敲门声，这时就需要将传统的门铃转换成视觉形式的信号。比如门外有人按下门铃时，通过传感器连接室内不同空间的信号灯，把声音转换成灯光闪烁来提示有人来访。

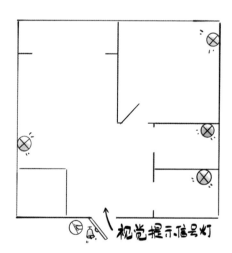

视觉提示信号灯示意图

3 无障碍卫生间：面积不大却有最多"雷区"的空间

卫生间无障碍设计要点：

☑ 消除地面高差　　　☑ 扶手和置物设计
☑ 扩大门洞宽度　　　☑ 安全求助装置
☑ 充足的回转空间　　☑ 防滑、防磕碰

有一些无障碍设计可以帮助人们更便利地生活，没有它或许可以勉强"将就"，一旦有了它，生活便更"讲究"。但是解决人生"三急"的卫生间设计丝毫不能马虎，其不但拥有必要性和不可替代性，而且关系到使用者的安全。所以对于室内无障碍设计来说，卫生间可以视为最重要的空间，也是不可或缺的空间。我把卫生间的设计放在前面来讲，也打破了常规认为客厅是家中最重要空间的固有思维。

由于经常旅行和出差，我见过上百个公共场所的无障碍卫生间（有些地方将男女卫生间以外的母婴室或者无障碍卫生间统称为"第三卫生间"），也住过不计其数的酒店无障碍房间，但是真正设计合理、用起来方便的卫生间屈指可数。这是为什么呢？很多人听到这样的说法可能会觉得疑惑，因为在大多数人的概念里，无障碍卫生间不就是在坐便器旁边添加一个扶手吗？虽然公共场所的无障碍卫生间有相关的"设计标准"，但是由于空间格局等原因，很多设计者也不是亲身使用者，所以经常会在设计时想象无障碍设施的使用场景，从而出现一些让人哭笑不得的无障碍设计，譬如扶手离坐便器很远，轮椅无法靠近洗手池，等等。所以说，很多所谓的无障碍设施并不能真正地做到无障碍，也不是所有安装了扶手的卫生间就能称之为无障碍卫生间。

那么，家庭无障碍卫生间到底如何设计呢？**归根结底还是要回到"这个空间是为谁而设计"的问题上来。**如果是为了有一定行动能力的老人，首先要考虑的就是防滑性和扶手的辅助支撑，但如果考虑到老人未来身体情况的变化，涉及的因素可能会更多。如果是为轮椅使用者设计，比如像我这种受伤程度非常重的高位截瘫者，就需要全方位地考量，重点需要关注以下几个方面：

◈ 到底要不要做干湿分区

关于卫生间是否做干湿分区，已经被探讨过无数次，这已经成为在装修时让很多人纠结的问题。在设计无障碍卫生间时，是否做干湿分区要考虑的因素会更多。分区的好处显而易见，更容易打扫清理，避免大面积的地面湿滑，不同的区域可以同时使用而互不干扰；而不分区就会更加节省空间并且避免了小空间划分的局促感，对于轮椅使用者或者老年人来说，功能动线更加简单，不需要来回跨越空间。需要注意的是，如果想在淋浴和坐便器之间做一些物理隔离，**不要采用传统制造高差的方式，而要把排水槽下挖后使用滤网覆盖。**同时，还要避免使用玻璃隔断这种辨识度低且容易磕碰的材质。很多老年人和低视力人群常常会因为看不清或者忽略玻璃而撞伤，玻璃碎片更是有难以控制的潜在危险。

❖ 门洞宽度和开门方式

　　大部分卫生间的门洞宽度都比平常的门窄，但是一些老年护理轮椅或者电动轮椅比较宽大，很难进入普通卫生间 80 cm 宽的门洞，这时就要根据使用者轮椅的尺寸来确定门洞宽度。**在卫生间空间较小的情况下，至少要保证 100 cm 的门洞宽度，如果空间允许的话，理想的门洞宽度是 120 cm 或者更宽。**同时要保证门的打开和闭合不会影响轮椅的出入，也不能影响轮椅的回转动作。在空间小的情况下，使用推拉门对轮椅行进影响较小，也更方便轮椅使用者完成开关门的动作。

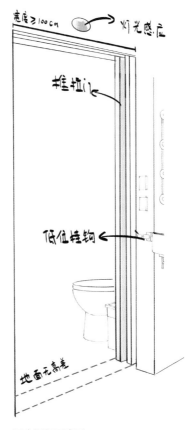

卫生间门示意图

◈ 地面高差

在设计普通卫生间时，通常用带有高差的门槛来防止溢水，但是门槛会影响到轮椅的通行，也会增加老年人跌倒的概率，所以无障碍卫生间不能采用有高差的门槛。为了解决排水问题，可以在淋浴区四周挖设排水槽，并用滤网覆盖铺平。也要充分考虑淋浴区地面的倾斜角度和面积，设置的倾斜面积太小会造成溢水，倾斜角度也不宜过大，否则会影响轮椅的平稳性。

◈ 洗手池的高度和容膝空间

绝大多数家用洗手池下方是储物柜，但这对于轮椅使用者来说是很大的障碍，容膝空间经常被设计者所忽略。因为坐在轮椅上时，腿和脚的位置是靠前的，**想要最大限度接近洗手池的前提条件是洗手池下方要有足够的空间安放双腿和双脚。**这个进深尺寸要根据不同的人坐在轮椅上的不同状态来测量，**普遍情况下，至少需要 40 ~ 60 cm 的深度才能保证坐在轮椅上的人在洗脸和刷牙时不用费力地去靠近水龙头，也不会弄湿衣襟。**同样，台面的高度也取决于轮椅使用者的座位高度，**普遍情况在 70 ~ 80 cm，这个高度也不影响其他人站立时使用。**洗手池扶手可以根据个人的需求选择安装在左右或者前方。

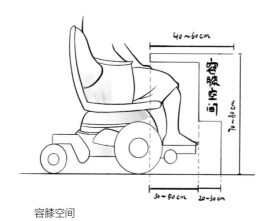

容膝空间

另外，还可以选择更加灵活的可拉伸水龙头，这样使用起来调节范围更广，在洗头发等一些特殊场景下更方便，也更应手。

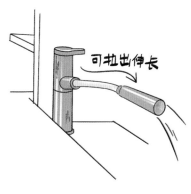

可拉伸水龙头

✦ 坐便器的高度和扶手设置

在四肢功能正常的情况下，人们很难感受到坐便器高度的差异带来的不适，在市面上买到的坐便器基本也是统一的标准尺寸。一些欧美国家酒店的坐便器要比中国市场上的高一些，因为欧美人普遍身材高大，这样的设计也算是因人群而异。对于采用无障碍卫生间的家庭来说，设置坐便器的高度时，一方面要考虑家庭所有成员的使用，另一方面要考虑轮椅使用者的使用和转移方式，尽可能地达到各方面的平衡。

有的轮椅使用者需要通过自我转移的方式移到坐便器上，这个时候就要考虑坐便器和轮椅的平面高度差是否在可接受范围之内，**如果坐便器和轮椅之间高度差过大，容易造成转移时的跌落，给身体带来意外伤害的风险。**如果高度很难和家庭其他成员达成一致，**可以将可移动的坐便椅灵活地添加在坐便器之上，根据需要随时挪动。**

老年人一般需要扶手来帮助他们起身，轮椅使用者需要扶手作为转移时的支撑。坐便器旁的扶手需要固定在实心的墙面上或者稳定的地面之上，确保有足够的承重力和稳定性。**扶手应该设**

置在使用者双手可以发力的位置，不宜离坐便器过远。为了不影响其他家庭成员的使用，**可以选择可向上收折或者翻折式扶手，不使用时可以收起以节约空间。**

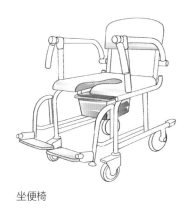

坐便椅

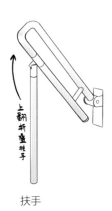

扶手

◆ 淋浴区的动线

无障碍卫生间的淋浴区同样需要考虑使用者的生活习惯。有些人习惯坐在坐便器上完成洗浴，那么要考虑到洗浴时轮椅的放置空间，既能保证在使用者在洗浴完成之后可以顺利转移回轮椅，又要防止在洗浴的过程中淋湿轮椅。**由于玻璃隔断不方便转移和进出，大部分情况下，无障碍的卫生间都会采用防水型软拉帘进行隔水。**

　　如果使用者需要坐在坐便器以外的地方洗浴，则大部分情况下可以考虑使用固定在墙面上的折叠式洗浴板凳。但是板凳的尺寸非常有讲究，很多公共场所或酒店的无障碍卫生间设有洗浴凳，可尺寸非常小，对于无法靠上肢力量坐稳的人来说滑落的风险太大，根本无法使用。**最好的设计是 L 形并且有正常座椅尺寸的折叠凳，两旁的墙面上需要配置高度适宜的扶手。**折叠凳的材质也有所不同，对于压伤风险较低的人来说，可以选择硬树脂或者塑料材质，但是对于压伤风险比较高的人群来说，就需要考虑选择防水和防压伤的软包材质。

现在市场上淋浴架已经有很多样式选择，如果要和其他家庭成员共用，可以选择可升降的淋浴架，方便根据需要随时调节高度。

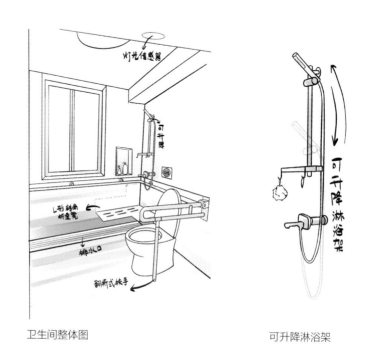

卫生间整体图　　　　　　　　　　　　　可升降淋浴架

我见过做得最好的无障碍卫生间不是在豪华的五星级酒店，而是在旅行中一些邮轮上的无障碍房间。普通的邮轮房间都相对局促，但是无障碍房间尤其是卫生间设置都非常合理，无论是尺寸、扶手还是使用动线，都能满足轮椅使用者的需求。

置物空间

无障碍卫生间的置物空间主要从两个方面进行考量，一是可放置物品的高度要在坐姿的情况下伸手即可触及，二是置物空间不能影响其他人的便利使用。大多数普通卫生间的置物架为了避免使用者站立时发生磕碰，位置设置得都比较高，无障碍卫生间的置物空间需要做到在高度下移的同时避免因置物架突出而引起碰撞。有条件的情况下，可以选择壁龛式的置物墙，如果墙体尺寸不够，靠墙的三角区域、挂钩和置物袋都可以作为备选方案。

◈ 紧急求救装置

对于肢体障碍的人来说，卫生间是事故最多发的家庭区域之一。跌倒、意外滑倒或者突然的身体不适等情况时有发生，求救信号是状况发生时第一时间得到救助的重要保障。紧急求救装置根据使用者的风险级别而设定，**最常见的求救按钮一般安装在卫生间最显眼并且最容易触及的地方，**以弱电源物理连接的方式设置最为稳妥，可以用报警器联系紧急联络人，装置失灵的概率也比较低。随着科技创新和发展，报警系统和移动通信手段不断更新，有些装置可以通过网络和手机相连，但是也更依赖网络和电力的稳定性。**配置紧急求救装置的关键在于设计时的预防意识和求助预案，具体方式可以根据个人情况和预算灵活选择。**

◈ 想要浴缸怎么办

有些人很喜欢用浴缸泡澡，但残障人群是不是就要放弃这个个人喜好呢？的确，使用浴缸可能会产生更多的不便，比如容易跌落滑倒，但是不代表没有解决方案，且水疗对于个别残障人群的身体康复和复健也有帮助。目前，有专门研究康复辅具的厂家生产专供残障人士使用的浴缸，浴缸的一侧是可灵活开门的，人在通过转移进入浴缸之后可以蓄水，洗完澡完成排水后，打开浴缸上的门，即使处于坐姿状态也可以转移出来。如果家里已经装有浴缸，不便改造的话，一些辅助的设备和产品可以帮助残障人士实现无障碍转移，比如成型的洗澡椅。**总之，一切我们认为有障碍的东西都是因为产品和环境不匹配，而不是使用者本身的问题。所以，我们不用因为某种障碍而放弃喜好和心愿，要做的就**

是去寻找解决方案，改变环境和消除障碍。

我家在装修设计时，也根据客观条件和个人需求对卫生间和洗手池进行了改造，基于房屋条件和个人动线习惯对功能区进行了"不完全"干湿分离设计——把洗手池划分出来，但是把坐便器和淋浴放在了一起，如厕之后无须转移就可以直接洗澡。

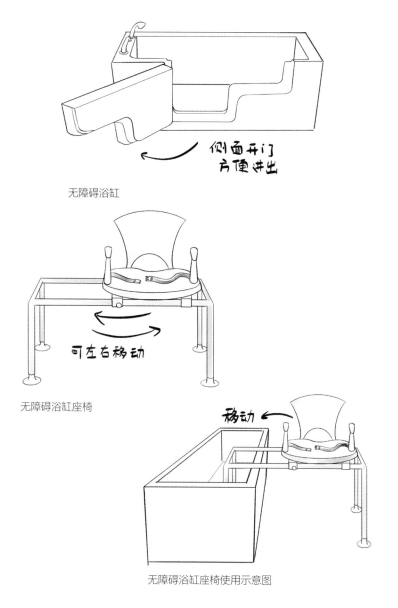

无障碍浴缸

无障碍浴缸座椅

无障碍浴缸座椅使用示意图

◈ 卫生间的其他设计

除考虑洗手台高度和容膝空间的基础尺寸之外，洗手台区域还设计了灵活的化妆台和储物空间，并且安装了可分离的加长软管水龙头，扩大了灵活使用的范围。由于整体空间较小，故尽可能地扩宽了卫生间门洞尺寸，安装了推拉门和可上下移动的淋浴架。我日常生活中使用可移动的洗澡座椅，所以暂时没有安装扶手或者靠墙的洗澡凳，但是考虑到未来家中老人可能有需求，预留了足够的空间可以随时加装，同时预留了其他设备的防水电源。

洗手台改造后实景

因为空间条件的限制，无法在卫生间区域专门设置独立的化妆台，所以在定制家具时，在化妆镜后方做了多功能设计，添加了一层可以翻折的桌板。在需要化妆时，可以将化妆镜打开，把藏在里面的桌板翻下来搭在洗手池上，用来摆放化妆品，满足我日常的化妆需求。

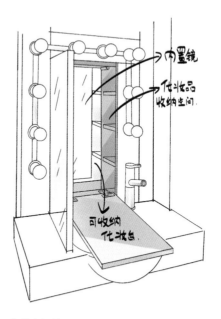

内置镜

化妆品
收纳空间

可收纳
化妆台

化妆台细节图

通过我个人的实际案例，你或许可以体会到无障碍卫生间的设计是非常个人的和具体的，它并没有完全统一的标准。我们要做的是考虑到方方面面，在实践中没有必要照本宣科，把所有的东西都放在这个狭小的空间里，**因为对所有人来说，只有真正用得上的设计才是有意义的**。另外，对于大多数家庭来说，很难有精力和财力在三五年内就翻新一次，**所以在考虑到当下需求的同时，要尽可能想到未来的需求，用可持续发展的眼光去兼顾将来可能产生的需求也是无障碍设计包容性的体现**。

多功能客厅：
家具"靠边站"，定制省空间

客厅无障碍设计要点：

☑减少非必要的摆设　　　☑巧妙地设置储物空间
☑定制多功能家具来满足需求

无障碍设计改造完成后，我最满意的空间就是客厅。在面积不大的房子里，不但兼顾了客厅的功能，而且成为我的居家办公室和会客室，储物空间的面积更是拉到满值。在之前的章节中，我一直强调**消除家中地面高差的重要性，其实减少地面的障碍物和增加合理便捷的储物空间也非常重要。**

一般情况下，我们都喜欢把买回来的家具摆在房间里，比如传统的客厅，好像一定要有沙发、茶几。除此之外，高高低低的柜子或者桌椅板凳也都占据了客厅很大一部分空间。对于无障碍空间的改造而言，通达性是关键，客厅里的东西太多太杂的话，一方面会降低通达性，另一方面会增加磕碰的风险。当然，我并不是说一定要把什么家具移出房间，而是希望大家在把这些家具买回家时要仔细想一想，买这些家具到底是因为真实需要、方便日常使用，还是因为别人的家里都有？对于轮椅使用者或者低视力的人群来说，家具要尽量靠边摆放，保留主要通道可以提高生活的便利程度。想象一下，如果在房间的最中心摆一个东西，来来回回都要绕过它，就相当于主动给自己制造障碍。

在改造客厅时，我从复盘日常需求入手，列清单时发现需求太多了，既要招待来访的朋友，又要有办公区域，还需要给照顾我的人留休息空间，以及预留摆放轮椅和行李箱的储藏空间。仅仅 20 m² 的客厅，如何承载这么多需求？

答案就是从一些日式的多功能设计案例中寻找灵感。因为日本的地理条件，大部分人的住所都没有那么宽敞。很多家庭都通过可折叠或者可收纳的家具完成不同空间的功能转换。但是这种转换有一个缺点就是不如直接使用方便，**所以在做设计时，要评估好不同功能的使用频率，**否则你会发现这些转换只是看起来好用，真正使用时反反复复调整也会有很多烦恼。比如我朋友的来访频率大概是一两周一次，我居家办公的时间是一周五天，那么办公就是客厅的主要功能，所以需要临时转换功能的就是用于喝茶和接待的餐桌。

客厅整体示意图

客厅实景

◈ 可收纳折叠床兼具沙发功能

日常情况下，我从早上醒来下床的那一刻起都是坐在轮椅上的，沙发对我来说是一个几乎用不到的家具。单品沙发不仅价格高，而且很占空间，所以从设计之初，沙发就是我第一个舍弃的家具。那你一定会问其他人怎么办？坐在哪里呢？一般情况下，来访的客人可以坐在喝茶区域的椅子上，此外，一张可收纳折叠的单人壁床就可以完美地解决这个问题。这样不仅可以给照顾者提供舒适的休息之处，而且可以供家人在白天时坐卧休闲。在壁床对面的墙壁上安装一个可移动的电视机支架，根据方向需要随时调整角度，就算是躺着也可以轻松地看电视。平时只有我自己使用办公空间时，可以轻松通过液压杆将壁床收纳在墙上，个子较小或者力气不大的人，同样能轻松完成折叠床的功能转换。

　　可折叠餐桌同样需要考虑高度尺寸和容膝空间。另外，为了让整个空间的家具可以组合使用实现多种功能，还要考虑尺寸和高度的统一。

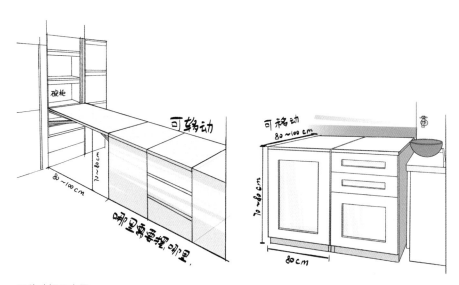

可移动柜示意图

阳台洗手池示意图　　阳台洗手池实景

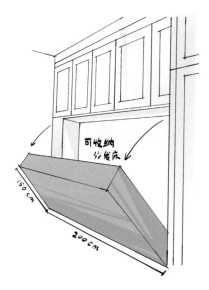

折叠床展开收起示意图

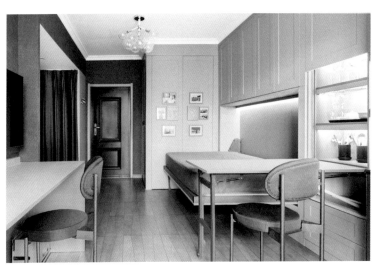

折叠床展开实景

折叠床展开实景

折叠床收起实景

可延伸桌板

办公桌一角设置了可延伸桌板，在不需要时可以折叠收起，避免使用轮椅时磕碰。在需要时可以拉出，增加置物面积，方便使用。电视机使用可拉出的旋转支架，可以进行 360°旋转调节，保证在多功能空间的任意角落都可以观看。

可旋转电视机

可旋转电视机实景

✦ 可收纳餐桌和隐藏酒柜

餐桌和可折叠收纳的床一样，都是和所有柜体统一定制的，并采用可收纳上墙的设计。展开时餐桌落地，收纳酒和酒杯的柜子就呈现在眼前。收起后，桌面就和柜体融为一个平面，酒柜也随之隐藏，还能对酒和酒杯起到防尘作用。

餐桌放下时的高度也需要在定制时进行预先考量，因为要考虑到坐轮椅时是否有充足的容膝空间。一般情况下，餐厅的桌椅高度对于轮椅使用者来说都略低，所以日常外出在饭店用餐时，最让我头疼的就是餐厅桌子底下有障碍物或高度不够，也就是容膝空间不够。**我定制的餐桌高度和办公桌一样是 80 cm（一般情况下，市场上的餐桌高度都在 70 cm 左右）**，定制完餐桌以后在购买餐椅时，也要求生产厂家把椅子的高度增加了 10 cm，以确保其他人坐在椅子上时不会因为桌子太高而感觉不舒服。

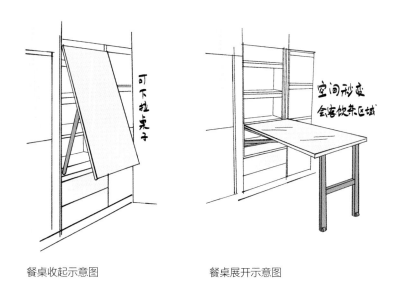

餐桌收起示意图　　　　　　餐桌展开示意图

　　还有一个花了心思的小设计，就是定制了两个可移动的柜体，不仅可以当碗柜，而且可以给餐桌扩容。因为小户型空间有限，所以餐桌展开后最多只能容纳四五个人用餐。当来访客人多时，这两个移动柜体的尺寸刚好能与餐桌和办公桌拼在一起（都是80 cm 高），这样就可以扩容至 8 个人用餐。平时不用时，把两个柜体放在阳台的角落，也刚好填补阳台的空缺。真正做到哪里需要摆哪里，并且摆在哪里都不多余。

餐桌实景

充足的一体式储物空间

相信每一个室内设计师都有被业主要求做足储物空间的经历，对于无障碍设计来说，充足的储物空间不仅可以让收纳井井有条，而且可以避免因东西杂乱无章而影响房间的通达性。

在最初设计时，我已决定能定制的家具就都定制。市面上大品牌的定制家具价格不菲，如果对品牌没要求的话，可以找小型家具厂定制。这样不仅节省费用，而且可以根据自己的预算和对材料的要求，选择最适合自己的。前提是要找有资质并且有品质保证的供应商，这样家具使用起来才能安全可靠。

客厅里的所有柜体都是到顶柜，避免成品家具尺寸不合适浪费顶部空间和落灰难打理的问题出现。柜体的进深根据不同的区域设计成不同的尺寸，一方面可以保证房间的整体性和统一，另一方面让收纳更加方便。比如我原来家里所有柜子进深都特别深，很多衣服藏在里面，一是不好拿取，二是时间长了，东西又多，因为看不见所以特别容易忘记放在哪里。我在定制收纳柜时，根据不同的区域做了不同的尺寸。**在可折叠床的上方，定制的柜子尺寸比较小，打开柜门后，所有的东西都一目了然，也不需要特别费劲就能随手拿到。**而在冰箱旁边的区域，做了和冰箱宽度一样的柜体，不仅可以把冰箱隐藏起来，而且有足够大的空间放置大尺寸的被褥。如此，每处空间都可以被合理地利用，既整齐划一，收纳起来又清晰明了。

让我十分满意的一处设计就是轮椅和行李的收纳空间，因为我有不同功能的轮椅用于生活中的不同场景，比如手动的轮椅在出远门时会使用，电动轮椅在家附近短途使用会更方便，还有洗澡的坐便轮椅等。**之前轮椅在家里摆得到处都是，于是就在进门后的客厅空间独立分隔出来一个储藏间，作为轮椅的"停车场"。**储藏间高度也是经过测量的，坐在轮椅上可以直接开进去，同时

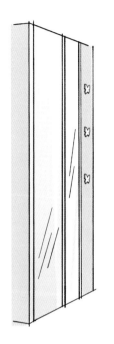
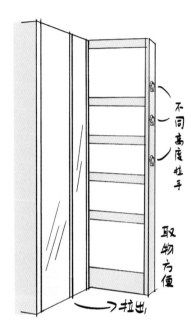

客厅拉篮柜体收起示意图　　客厅拉篮柜体展开示意图

成年人稍微低头也可以进出。为了保证柜体上半部分的承重能力，整个储藏间用钢架进行搭建，所有的行李箱都可以安安全全地放在上面。因为储藏间的深度需要并排放置两台轮椅，**所以定制时让储藏间采用双开门设计，并且选择了135°的铰链，用起来得心应手**。储藏间的顶部上下都安装了照明灯，门打开之后，还有低位的穿衣镜可以让我在出门之前整理着装。

在这里要特别感谢我的设计师赵弟，虽然房屋的大部分格局和构想都是按照我的要求来实施的，但是设计师的重要性在细节设计上体现得淋漓尽致。**专业的设计师不仅可以帮助你完善设计并且想办法使方案落地，而且能在关键点上给出最佳方案和建议。** 这个储藏间就是在我的粗略想法基础上，有了设计师的完善才能如此完美。

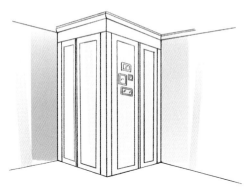

轮椅储藏间关闭时

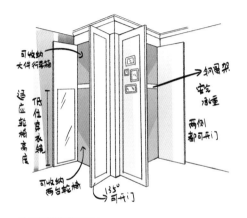

轮椅储藏间打开时

最简单的"梦中情桌"

对于我来说，伏案工作是一天中除了睡觉和吃饭最重要的事情，办公桌一天至少要陪伴我 8 个小时。很多长时间坐办公室的人喜欢用升降桌，因为可以随时调整姿势，缓解身体疲劳。但是对我来说，只要确定好自己需要的办公桌高度和宽度就足够了。

对于小空间来说，所有东西都靠墙是最节省空间的。根据客厅的实际情况，结合自己的需求，**我把办公区域放在了电视墙一侧，做了一个长达 3 m 的通体办公桌，就是一张两侧有支**

撑板的简单桌板。办公桌的高度和餐桌一样是 80 cm，宽度是
60 cm，保证有充足的容膝空间。通体办公桌的好处就是，脚下
没有桌腿或者其他障碍物，我可以随意横向移动到办公桌的任何
区域，所有的文件资料或者电子设备都能触手可及。有了这样的
办公桌，我可以提前摆好所有我需要的资料和物品，在长达几个
小时的办公时间里，不需要寻求任何人的帮助。

　　此外，办公桌连着电视墙，因为它足够大和宽敞，还可以当
成电视柜，或者放置物品的家具，成本要比单独购买电视柜便宜
很多。所以说，最好的东西不一定是最贵的，但一定是最适合自
己的、最能满足自己需求的。

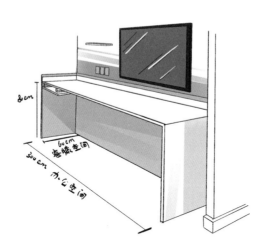

办公桌示意图

厨房：
让每个人都能与美食亲密接触

厨房无障碍设计要点：

☑ 安全和可操作性　　　　☑ 容膝空间和储物
☑ 满足所有家庭成员的需求　　空间的平衡

人间烟火气，一半在后厨。厨房承载着每一个家庭独有的味道，是每个人的胃最安心的归属。如果厨房的设计能让业主得心应手，会给生活增添几分幸福的滋味。但是对于身体功能受限的人群来说，假如厨房不能满足无障碍设计的需求，这个重地可能是家庭里潜在的高风险区，因厨房里有刀、有火、有油锅。

有人说无障碍厨房的空间一定要大，认为"某某家的厨房比我的卧室还大，当然用起来得心应手"，而这样的房屋条件可能大多数人此生都无法企及。**宽敞的空间对于轮椅使用者来说当然会更友好，但是宽敞并不代表无障碍。在有限的空间里，能达到最大化的通达性，并且能使操作便捷，才是无障碍设计的精髓所在。**"大"不是不好，但不是关键。无论厨房大小，我们都期待**能通过用心且巧妙的设计，让每个人都能与美食亲密接触。**

那么厨房的无障碍设计或改造很难吗？掌握几个关键，困扰就能迎刃而解。

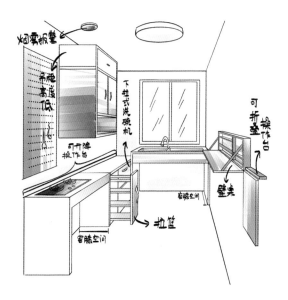

厨房整体图

下拉式洗碗机

合理的作业动线

在做厨房的无障碍设计之前，一定要让使用厨房的人切实模拟他在厨房作业时的动线：如何用最直接和快捷的方式完成洗菜、切菜和炒菜的一系列动作，尽量避免来回重复转移，比如炒菜时让已经准备好的食材唾手可得。**因为通过轮椅移动时需要占用双手，很难像其他人一样一边端着盘子，一边来回移动**，所以一定要真实模拟操作时所需要的空间动线，**通过合理地利用空间，减少不必要的重复移动，让轮椅使用者烹饪时更省时省力。**

✲ 可升降操作台"照顾"每一个家庭成员的使用高度

　　大多数人也许对可升降办公桌比较熟悉，但对可升降的厨房操作台并不了解。**其实两者的设计逻辑是一致的，厨房可升降操作台既可以满足人站立时使用，又能让轮椅使用者在烹饪时将高度降低，无须费力就能完成洗、切、翻炒的动作。这种灵活设计不仅能解决轮椅使用者在烹饪时的困难，而且能随时调整台面高度，消除身材高大的家庭成员弯腰做饭的痛苦。**另外，在培养孩子进行家务实践活动时，可升降操作台也能满足小朋友的高度需求，让每一位家庭成员的家务劳动都更加安全和舒适。

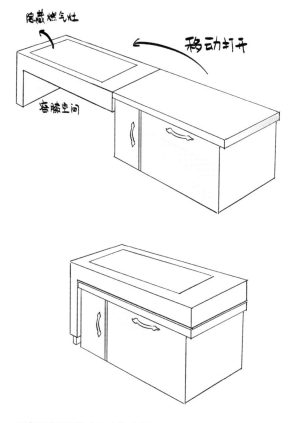

厨房可升降操作台和容膝空间

◆ 容膝空间和储物空间的平衡

在厨房，我们不得不再一次提到容膝空间。普通的厨房都会做许多的储物空间设计，一般情况下，人们不需要考虑容膝空间。我看到很多轮椅使用者在没有容膝空间的厨房只能侧着身子炒菜，切菜时只能把菜板放在自己的双腿上，不得不感叹人的韧性如此强大，可以适应各种恶劣和危险的环境。大多数时候，我们需要操作台下有很多储物空间来放锅碗瓢盆，但是**如果是轮椅使用者日常使用的厨房，就一定要做好容膝空间和储物空间的平衡，**让坐轮椅者的腿和脚有合理的安放之处。

◆ 收纳空间的妙思

如何让收纳空间好用并且触手可及，对于设计无障碍厨房来说也是一个挑战。除了要平衡容膝空间，还要考虑如何做到取放方便。一般的收纳柜都采用开门式，但是行动受限的人很难让开柜门空间来开门取物，然后再关柜门。推拉式抽屉对有无障碍需求的人会更友好，拉开抽屉之后，即便是在最深处的东西也清晰可见，不需要探头去寻找。柜子的高低尺寸也可以通过定制来满足不同家庭成员的需求，合理分配空间，在现实条件和需求之间形成平衡。

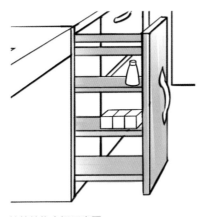

拉篮储物空间示意图

可折叠壁桌实用省心

当厨房并不宽敞时，可折叠操作的壁桌就是一个"神器"，把它安装在墙上不仅可以节省空间，而且能保证充足的轮椅回转半径。在展开使用时，又成了自带容膝空间的操作台，非常推荐小户型的家庭使用。

可折叠壁桌根据需求，有多种款式。有的款式展开后可在狭窄空间当作操作台。有的款式为置物架和壁桌一体式，既可以放置装调料的瓶瓶罐罐，又可以展开后扩大操作空间。

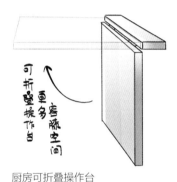

厨房可折叠操作台

厨房可折叠壁桌

小细节大用途的可拉伸水龙头

在之前的"卫生间"一节中已经提过的可拉伸水龙头，在厨房同样适用，无论有没有无障碍需求，它都是一个让人用起来更方便的设计。

报警器和听力障碍者的安全提示灯

对于老年人来说，忘记关火并不是一个小概率事件，所以烟雾报警器和燃气报警器是必不可少的安全保障工具。如果是老年性耳聋或者听力障碍人士，还需要将这些报警器连接到可以闪烁的灯光的网关。这样的智能报警系统可以和家人的智能手机相连，一旦发生紧急情况，家人可以及时获取警告和通知信息。

视力障碍者的厨房安全和模块化分类设计

厨房是家居环境中安全风险相对较高的区域，对于低视力人群或者盲人群体更是如此。很多视力障碍人士会尽量避免使用明火烹饪以防止烫伤，但是电磁炉或者微波炉上的按键缺乏盲文提示，同样有很高的操作风险。他们也往往需要通过记忆和感知在厨房取放物品。所以在无障碍设计或改造时，要将不同的空间做精细化的模块分类，分成更多的功能区或增加隔断，帮助他们更好地识别想要的东西。**然而，分类方法要根据每个人的习惯来进行具体的分析，不能照本宣科，使用统一方式。**

厨房也可采用"洞洞板"，根据使用者习惯来定制方便顺手的置物架，通过网格定位形成不同的模块，方便视力障碍者记忆和取放。

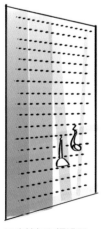

厨房挂架和摆设区

6 卧室：
治愈心灵的地方

卧室无障碍设计要点：

☑**不可忽略的多感官细节**　　☑**床的选择和取舍**
☑**合理的收纳让生活更方便**

　　对于所有人而言，卧室不仅是充满隐私的空间，更是承载我们每个人的脆弱情绪、帮助我们进行身心能量修复的地方。在身体不舒服或者心情不佳时，我们都习惯于把卧室门关上，与外界隔绝，给自己营造一个安全的"树洞"。**如果说室内无障碍设计是满足每个个体的需求，那么卧室部分的设计就更需要细致入微的体察，上到硬装设计的颜色和材质，下到软装的触感和装饰摆设，每一个细节都不能忽略。**对于残障人士来说，一年中居家的时间占比本就比其他人高出很多，**卧室的使用时间在一天中有可能达到 12 个小时甚至更长。**在对卧室进行设计之前，不如试想一下：如果自己每天超过一半的时间都是在卧室度过，那么什么样的环境能让自己减少压抑，并尽可能地保持轻松愉悦？

◈ 颜色的暗示

除业主的特殊爱好和要求之外，颜色对卧室的影响要大于其他空间。在色彩心理学中，不同的颜色会给人不同的心理暗示，比如红色象征热情，但也会让人狂躁；蓝色象征忧郁，但也可以让人冷静。如果留意过医院的住院部，不难发现大多数的病房都会使用饱和度较低的颜色，给人以温柔平静的感觉。一般来说，卧室的颜色都会彰显房屋主人的性格特征，在这个空间里，他们会更有自主权地来选择自己偏爱的色彩。但是在确定动工之前，**无障碍的卧室需要多考虑一点，那就是颜色对于长期居住者的心情影响。通透明亮和淡雅的色彩，对于人的身心健康更为有益。**

◈ 材质的选择

在卧室里，我们希望获得依赖和安全感。我们看到的或者触碰到的一切都会给心理带来不同的感受，所以无障碍设计中材质的选择也很重要。定制家具或购买家具时，浅色或暖调的木质会让人感觉踏实，比起皮革而言，布艺的家具会让人觉得更轻松。卧室还要尽量避免使用尖利或者冰冷的材质，比如玻璃和钢铁。

◈ 光线和照明

对于长期卧床的人来说，分得清楚白天和黑夜非常重要，这样生活才会有秩序感，对身体的恢复也会有帮助。现在大多数酒店的房间都采用无主灯照明，因为只针对睡眠场景，但无障碍的卧室要考虑居住者在卧床不睡觉时，需要借助环境有意识地形成白天和夜间的生物钟区分。充足的光线和方便通风的窗户，不仅可以在天亮时给人唤醒信号，而且可以增加空气流动，减少卧室的细菌存量。**应选择可以调节色温的灯具，根据不同场景控制房间的亮度。设置触手可及的灯具开关，或者可以感**

应的夜灯，在起夜时能感应到人体的活动而自动亮起，让居住者起夜更安全。

　　上面只是从宏观的角度讲了一些卧室进行无障碍设计时要考虑的共性问题。我在设计自己卧室时，因为无论身体还是情绪都处于比较稳定的状态，所以在细节上还是根据自己的实际需求来设计的。

卧室示意图

卧室床打开时的实景

◈ 多功能空间的转换

在进行空间改造之前，我就确定了 3 个关键词，分别是无障碍、多功能，还有智能家居。 我需要的不仅是无障碍卧室，还要有多重功能。因为我的生活状态比较灵活多变，不想因为装修改造而限制了空间的其他可能性。我希望有居住需要时，它是卧室，不居住时，它要充当小型的会议室。所以将卧室的床也设计成可隐藏的折叠壁床，并且将一面墙留白作为投影幕布使用，墙上留有可收折的壁桌，可供放置会议室需要的电子设备。虽然没有影院那么专业，但是也足够满足日常的工作或娱乐需求。

卧室床折叠时的实景

◈ 精简无用摆设

可能是我日常使用轮椅的缘故，总觉得很多摆在地上的东西都很碍事。比如笨重的床头柜，如果房间不大的话，它的占地面积带来的烦恼远远超过使用价值。如果床头需要临时搁置物品的地方，墙边的壁桌完全可以满足需求，还不容易产生无法清扫的死角。如果需要梳妆台，定制可收纳的柜体和桌面同样能满足基础的功能需求。这样不仅让小空间在使用上更加地顺畅，更能避免和一些摆设发生不必要的身体磕碰，既简单大气，又清爽安全。

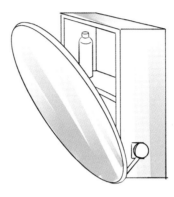

可折叠梳妆台

合理的收纳也能无障碍

普通的小型住宅几乎都很难有可以单独划分出来的地方作为衣帽间使用，所以卧室的衣柜就承担了这个复杂又重要的职责。**想要让衣柜收纳清晰明了并且方便拿取衣物，首先就要将区域划分清楚。**比如我的衣柜就分为了 3 个部分：挂衣区比较高，主要挂一些厚重或者怕压的衣服，为了解决使用高度的问题，定制了可以灵活下拉的挂衣杆，如此不仅可以清晰地看到每一件衣服，而且能方便随时挂取；衣柜的下方分为两部分，大的抽屉可以放置经常换洗的衣服，另外一侧可以挂置裤子或者围巾等长条状的衣物。随手拉开储物的衣柜，在不用来回翻找的情况下，就能清晰地知道每一件衣服在哪里；衣柜的最上方是一个进深很深的收纳柜，可以放置换季的衣物和棉被。

在卧室折叠床的上方，设置了分格的收纳空间，一部分用来放置包包和帽子，另一部分做成了收纳酒柜一样的小分格，每一条裤子都可以卷成格子大小放进去。这样收纳，不仅裤子不容易出褶变形，而且每次打开柜门挑选裤子时，可以清楚地知道每一条的摆放位置，再也不担心找不到自己想穿的那一条，更是省去了很多翻找的时间和烦恼。

所有的柜子都是一体定制的，在不需要使用卧室功能时，柜子和床看起来就是一面统一的墙体，让整个空间整齐有序。

卧室衣柜收纳

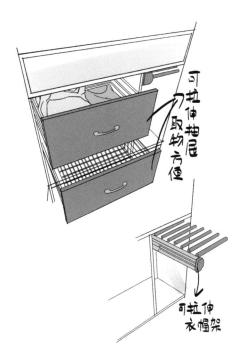

可拉伸抽屉
取物方便

可拉伸
衣帽架

卧室衣柜细节

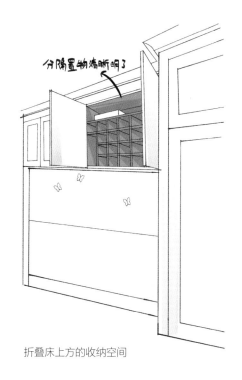

分隔置物清晰明了

折叠床上方的收纳空间

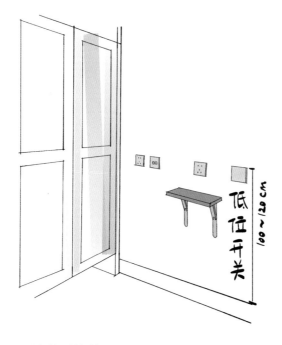

卧室低位开关细节

床的选择

虽然我的卧室根据自身需求选择了可收纳的折叠床，但是对于床的选择还是要细说一下。

首先是床的高度问题，对于轮椅使用者来说，在不同的地方之间转移是日常的挑战之一。要想转移更轻松，轮椅和床的高度就要尽量保持统一。如果轮椅高于床面，那么从床转移到轮椅上的难度就会增加，反之亦然。一般情况下，长期使用的轮椅高度是固定的，所以在购买或者定制床和床垫时，要充分考虑到高度差所带来的影响。

其次是床的类型，到底是选择普通的床和床垫，还是选择医疗用的护理床，抑或选择通过电动操控可形成坐卧姿势的床垫？

这些选择因人而异。护理床可能用起来方便，但我个人在心理上抵触，因为它好像在时时刻刻提醒自己是一个病人，卧室也因此看起来像是一间病房。但是对于长期卧床的人来说，可随时摇起 90° 的护理床使用起来更方便，坐卧也更自由。

　　除此之外，对于转移困难的人群来说，床边还可以加装一些辅助的设施来帮助上下轮椅，比如电动的升降吊轨或者可以灵活移动的位移架。如果有此类的需求，在装修或改造时就需要预留好安装空间和电源插座，以便后续的使用。

阳台：
不起眼却重要的空间

◈ 让人心情愉悦的阳台

虽然不是每一个家庭都有足够的空间去打造一个完美的阳光玻璃花房，但是每个人心中都希望有一个能在喧嚣中暂时避世的地方，哪怕只是拥有短暂的时光来忘记现实的烦恼，沉迷于自己的世界，获得一丝喘息和放松。人的天性都喜欢亲近自然，如果房间里能有一些绿植，不仅可以净化空气，而且可以让整个房间更有生机。**虽然房间面积有限，但是依旧无法阻挡我想拥有一个小花园的心愿，而实现心愿的地方就是阳台。**

我家的阳台和客厅相连，两个区域间并没有明显的界限，也没有任何的遮挡。虽说是落地窗，但是没有大面积的空间给我摆放花架。由于整个户型朝北，客观条件上并不适合木本植物的生长，所以我只能在窗户的框架上装一些挂钩，将小型的花盆悬吊在窗户旁，在吊顶的一侧也留出两个挂钩，给吊式花盆使用。阳台上还有一个智能的可升降衣架，不晾衣服的空间也可以用来挂植物。植物也多选择一些喜阴、喜水的草本植物，即便是在窗台上的玻璃瓶中用水滋养也可以生长。平时工作感觉疲惫，或者有烦心事时，我就喜欢到阳台上看看这些花花草草，对着它们发呆，放空自我。

另外，还在阳台上装了新风机和小型的洗手池，平时画画时可以换气和清洗。这些细节虽然看起来和无障碍设计没有关系，但是能提升幸福感。本书里一直在强调无障碍设计要尊重个体，在满足基础的需求之上，个人的感受和情绪也非常重要。

　　为他人设计无障碍的家居环境时，多问一句他的喜好，那么这个空间设计出来的结果就会多一些体贴和温度。

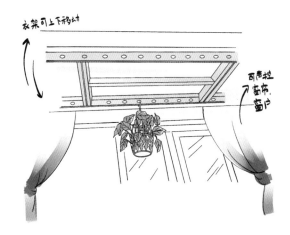

阳台的可升降衣架示意图

阳台花架实景

◈ 锻炼的仪式感给人向上的力量

随着生活质量的不断提高，运动健身已经成了很多人日常的休闲项目之一。行动方便的人会经常去健身房锻炼，或者去公园跑步。但是对于身体障碍群体来说，出门可能都是挑战，更不要谈出门去运动。那么，是不是身体障碍者就不需要运动呢？**其实，很多身体障碍者都需要做一定量的康复训练，来维持身体的一些机能，运动不仅对身体有益，而且能给人带来积极向上的力量。**但是当人们长期居家并且没有康复中心那种专业的锻炼环境和条件时，时间长了往往就会放弃运动这件事情，身体的机能也很难维持在正常水平。

在做无障碍设计时，运动或者康复训练的功能区域也需要被考量在内。哪怕只是一个很小的空间可以做非常简单的康复训练动作，对他们产生的影响也是积极的。举个简单的例子，如果房屋主人的腿部功能不好，需要通过下蹲训练来维持肌肉状态，只需要为他设计一个角落，安装高度适宜的辅助拉手，即可帮助他完成下蹲、起身的训练动作。**或者设计一处可以记录每日锻炼或者身体状态的展示板，这些小的细节看似和室内无障碍设计没有直接的关系，但它们所产生的积极影响，是我们无法拿尺子来衡量的。**

在面对不方便的身体时，只有很少数的人会保持和其他人一样的外出频率，大多数人的居家时间要远远超出平均水平。**身体状况的改变，除了会改变生活状态和轨迹，还会对心理造成非常深远的影响。**有些人或许很快就能走出自己的心理低迷期，但有些人可能会长期处于一种压抑甚至抑郁的状态，**这也是我们在做无障碍空间设计时容易忽略的一点，通常仅是尽可能地满足了身体的便利，却忽视了心理上的困难和障碍。**

对于很多丧失身体机能的人来说，在某种程度上，锻炼的仪式感更高于对身体的实质性作用。康复训练的功能空间设计因人而异，也要根据每个人不同阶段的状态而定。在此特意提及，只是希望这个空间不会被忽略。

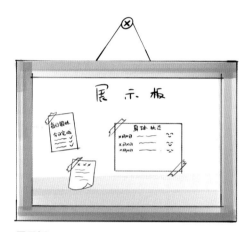

展示板

3

第 **3** 章

科技助力
无障碍家居

智能家居要点：

☑ 科技服务于人，也需要人来驾驭；

☑ 智能家居提示风险隐患；

☑ 巧用科技提高生活的幸福感；

☑ 如何在稳定和智能中寻求平衡；

☑ 看不见的"障碍"同样需要关注；

☑ 不同类型障碍群体的需求差异。

1 智能家居的实践

随着科技的发展和技术的更新迭代，20 年前科幻电影里的一些场景都慢慢地走入现实，充满科技感的智能家居也开始被人们所熟悉、接受和使用。

我一直都说科技的进步对于残障群体来说是福音，科技越发达，人们就会有越多的手段来通过技术弥补身体障碍。现在可通过语音输入和控制的软件及设备已经十分常见，**在市面上已经有很多智能化的家居产品及系统可供选择。**

对于智能家居的误解

通过互联网或者电视媒体的广告，人们直观看到的智能家居好像是一键能搞定所有事情。广告制作方为了体现智能家居的"聪明"和智能，往往忽略了**智能家居的本质是服务于不同个体的需求。**对于不了解智能家居的人群来说，仅仅通过一条视频广告来认识它会产生许多误解，以为它能像广告里那样揣测人的心意，做一个完美的电子管家。然而，如果使用者并不知道自己的智能化需求，买回产品之后不能按照使用逻辑进行匹配和调试，慢慢地会觉得"智能"也不过如此，最终这些产品就会沦落到在角落里吃灰的境地。

其实，智能家居没有那么高深莫测，它就是通过一个叫"网关"的总管整合发射或者接收信号，让家里的各种电器和设备进行联动。这个总管到底怎么管家，还是要取决于这个家的主人需要什么，并且为这些产品设置了什么样的口令和执行口令的条件。比如，我将房间大门和网关进行联动，设计了安防程序。通过门窗传感器和网关相连，设计了特殊时段的安防报警功能——每天午夜的 12 点到早上 6 点之间，如果房间的大门出现开合，房间里的网关就会报警，并且这个网关会连通我父母所居住公寓的网关，在这个时候同时报警。晚上无论是否有人居住在我的工作室，大门在非正常时段开启都会有提示，这样就让人安心很多。家庭安防可以根据自己的生活习惯和时间进行个性化的设置，还可以添加烟雾传感器、燃气传感器、水浸传感器等。**如何玩转智能家居，同样需要发掘个人的需求，在此之上发挥灵感和创意。**

　　我第一次接触智能家居是在对老房子的卧室进行简单改造时，最初只是使用一些基础的功能和玩法，比如通过语音控制房间照明、安装空调伴侣来控制空调等。在设计无障碍工作室时，总共添加了 40 多个大大小小的智能家居产品，从空调、电视机等大家电，到落地灯感应器这类小设备，几乎把能用到智能系统的家居产品都尝试了一遍。其中不乏令人叫绝的功能，也有一些

客厅智能家居整体示意图

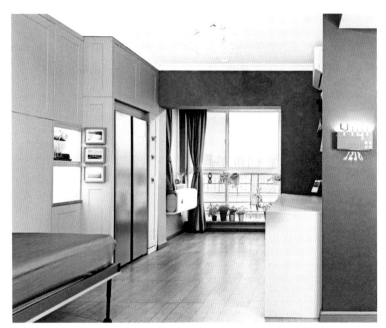

客厅实景

没什么用的鸡肋产品，但是整体来说，体验感还是非常好的。因为每个人的不同需求决定了智能家居的不同用法，**所以在接下来的内容里我只能抛砖引玉，把自己所使用的智能家居分享出来当作实例，给有需要的人提供一些具象化的了解和参考。**

智能家居助力家庭安防

上节中简单列举了通过门窗传感器连接网关在深夜时段守护大门的例子，接下来这个例子可以更深入地探讨一些智能家居助力家庭安防的真实场景。

之前在第 2 章有提及可视化门铃，通过智能门铃可以清楚地了解房屋之外的情况，提高陌生人来访时的安全性。与可视化门铃搭配使用的还有家庭版摄像头，安装在大门门框之上，可以循环记录门口和楼道的实时画面，对危险分子也有一定的震慑作用。

　　智能门锁也逐渐地被更多人所接受，免去忘记或丢失钥匙的烦恼，但也要记得及时更换电池。智能门锁在无障碍家居设计中的评价褒贬不一，对于失能失智的老人并不友好，因为在使用过程中会出现密码记不住或识别困难的情况。还有些老年人因为年龄大了指纹磨损，也会出现门锁难以识别指纹而无法开启的情况。因为我自己很难做到手动输入密码或者用指纹开锁，所以我的工作室还是使用了传统的门锁。不得不再次强调，**最先进的东西不一定是最适合自己的，一切的方案都应该从使用者的需求入手。**

　　顾名思义，门窗传感器就是在门窗发生状态变化时，获得感应并且提示业主。住在低楼层或者独居的人为了居住安心，给房间可开合的门窗之处加装门窗传感器，会大大提升内心的安全感。**无论是深夜熟睡之时，还是白天外出时，如果传感器有异动，就可以和网关进行报警联动，手机也能随时接收提示，无论身在何地都能及时了解房间的动态。**

　　烟雾报警器、燃气报警器、水浸传感器及振动传感器都是看起来不起眼的小设备，却给人提供了生命安全和财产安全的大保障。我们经常能听到家里的长辈叹气，说随着年龄的增长，忘性越来越大。忘记关火、关水龙头等事情并不罕见，如果不及时发现，很有可能发生火灾等重大安全事件。**在无障碍和适老化改造的过程中，安全是重中之重，无论是独居还是和家人住在一起，都要将这些隐患消除在萌芽之中。**比如我的奶奶已经年过九十，虽然身体硬朗，能独居自理，但是家人总会担心有什么情况发生时无从知晓。所以，我在进行无障碍改造时，顺手给奶奶家也安装了摄像头和烟雾传感报警器，与我父亲和叔叔的手机相连。**虽然他们并不居住在一起，但是都可以时时了解家中的动态。奶奶在厨房烧水忘记关火时，烟雾报警器会**

及时报警来提醒，如此家人也就安心许多。

　　另外，我还想特别提一下多功能门铃的用途，虽然它的设计目的并不是安防，但我觉得它是一个非常好用的求助工具。这种智能门铃不用固定安在一处，可以把它随意带到任何地方，比如卫生间或者卧室。**将门铃与家庭的网关相连，在需要求助时按一下门铃，网关就会发出声音和信号，及时向另一个房间的人求助。**这对于老人或者需要被照顾的人来说非常方便，可避免因房间太大或者距离太远，家人或护工无法及时听到求助，即使是在深夜，呼叫也很容易。

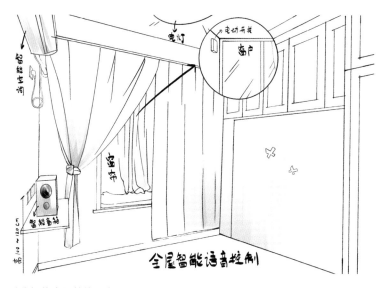

卧室智能家居整体示意图

动动嘴，家居环境轻松掌控

　　对于行动不便的人来说，做开窗、拉窗帘这样的小事可能都很吃力，但这些活动又对整体家居环境有很大影响。随着一天内光线和温度的变化，人们需要频繁地调整窗户和窗帘的状态，以保持室内环境的舒适。比如我喜欢在清晨开窗通风，正午时需要拉窗帘遮光，下午又需要房间完全通透，晚上则需要闭合窗帘保护隐私。**不同季节对开窗的频率和大小的要求也完全不同，如果自己不能控制这些，就意味着每一次调整窗帘和窗户都需要寻求别人帮助。**

　　经过对设备的了解和对实地安装情况的评估，我在卧室加装了智能门窗开关器，在客厅和卧室也都加装了智能窗帘轨道。因为卧室是可以完全按照自己的喜好来安排的场所，所以任何时候都可以根据自己的需求自由地开闭窗户、窗帘。早上醒来睁开眼，可以直接呼叫语音控制系统，把窗户打开到自己想要的大小。有了智能窗帘，窗帘的开合仅需动动嘴就能完成。别看这个小动作不起眼，就算是开关窗很方便的人，是不是也不想在睡眼惺忪中爬起来呢？**所以这些小的智能产品所带来的方便和幸福感，远远超越了开关窗户本身。无论是电动开窗机还是窗帘轨道，都需要在动工之前预留好足够的尺寸和电位。**虽然目前对于无法进行大规模动工和改造的情况，可以选择使用电池的电动窗帘机，但是**家用220V电源会更稳定。**

　　可以和智能窗帘轨道进行联动设置的另一个小设备是光照感应器，通过光照感应器感应到的房间亮度来设置开灯或者关窗帘的条件，系统接收到环境达到条件的信号后，就会自动完成动作。比如可以设置房间亮度不足时，某个灯自动打开，同时拉上窗帘等一系列动作。但是个人体验是，这个功能可有可无，毕竟是否开关灯或者开闭窗帘，完全可以由自己的感受来决定，光照感应器只能根据条件给出反应，而没有思考。**智能家居再智能，也不能代替人类大脑最重要的思考功能。我们可以利用人工智能让生活更便利和舒适，而不是被其所取代。**

智能窗帘细节

温度，由自己说了算

什么样的温度让人感觉最舒适？每个人的感受都大不相同，通常所说的冷暖自知，大概就是这个意思。除了光线明暗，室内的温度和空气质量也是影响家居环境的重要因素。**在做无障碍智能家居设计时，我选择了智能新风机和空调作为解决方案，搭配温湿度传感器，还有智能加湿器。**

在北方冬天都有公共的供暖设施，但是因为我受伤之后特别怕冷，所以在装修的过程中增加了可自己控制的天然气壁挂炉，可以随时开关来调整温度。壁挂炉和地暖连通，虽然现在没有完全做到智能化，但是可以升级配件和手机的软件相连，通过手机来实时了解温度信息，调整暖气流量。

因为我个人的体温调节功能很差，身体对舒适温度感知的阈值非常有限，每年几乎都是没有了暖气，就要采用空调取暖。

在过去，开空调对我来说是一件非常麻烦的事，不仅要操作遥控器，而且要保证遥控器对准空调才能接收到信号指令，想要调整空调的风量大小、模式和风向等细节更是难上加难。如果是老旧的房屋和空调设备，可以通过空调伴侣来解决智能控制的问题。但是由于空调伴侣只是一个媒介，所以在操控性上并没有那么灵活和准确。**根据我自己的经验，建议在无障碍空间设计或改造后直接选购智能空调，无论是操控的便捷性还是准确性都会大幅地提升，可以随时通过语音控制准确地更改自己想要的空调状态或模式。**同时可以搭配温湿度传感器进行场景设置，比如当房间温度低于多少摄氏度时，空调可以自动开启；或者在入睡之前，提前预约关闭空调的时间，防止熟睡时忘记关空调。

虽然近两年的空气质量已经大有改善，但是**新风系统已经成为很多人装修时的必选设备。**因为我的客厅无法进行智能开窗的改造，为了能随时通风，新风机成了我首选的解决方案。

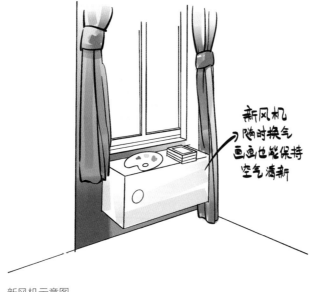

新风机示意图

除通风之外，新风机的优势在于可以随时更换房间里的空气，对于一些对流不好的空间，它比开窗通风更有效率。比如在我画画时，就可以随时开启新风机驱散颜料的味道。并且，智能新风机可以像智能空调一样，和其他的设备相连接进行场景设置，比如设定在回家之前自动开启，或者当房间的空气达到一定污染数值时自动开启等。

娱乐，不用再求人

娱乐可以让每个人在繁忙的工作和巨大的压力之下获得短暂的轻松和愉悦，对于残障群体来说，能够轻松方便地娱乐也很重要。**若想随时开启电视机，或者使用投影仪，选择智能化产品可以更轻松、更容易地操作。通过语音开启和关闭，以手机 App 的触屏来代替按键，要比传统的电视机操控方式方便许多。**

其他娱乐设备也有一些无障碍设计产品，比如一些方便肢体障碍者操控的游戏手柄，通过不同的外形设计方便手部不灵活的人使用，使他们同样能享受到电子游戏的乐趣。相信今后随着科技的发展，还会有很多类似于 VR 眼镜或者穿戴设备的新型产品出现在人们的日常生活中，来满足人们的娱乐需求。

一些实用的智能家居设备

在无障碍家居设计中，有很多小的智能产品可以为生活锦上添花。**对我来说，可语音控制的升降晾衣架就是其中之一。**只要发出声音口令，晾衣架就会从天花板缓缓地下落至与坐轮椅适配的高度，还可以控制烘干、灯光等功能。对于无法用语音控制的人群来说，还能通过按钮或者手机上的程序进行一键操控，让晾衣服也变得更加轻松。

我个人特别推荐的另外一个设备，就是通过人体传感器来控制的感应灯。在实际场景中，可以分别安装在卧室的床边和卫生间的门框上，这样在半夜起床时，只要床边的传感器感受到人体，起夜灯就会自动亮起，再也不用摸黑去寻找开关，也能减少没必要的磕碰。人体传感器还可以设置为几分钟之内感受不到人体后就自动关灯，这样能保证人们在充足的光线下回到卧室，随后灯自动关闭。人体传感器比起声音传感器有更多的优势，比如在夜晚不会吵到房间里的其他人，也不会因为一些其他的异响而开灯，影响别人的正常休息。

目前由于智能灯具的品类较少，无论是外观还是种类的选择都比较有局限性，**所以可以选择普通的灯具来搭配智能的开关和插座。**这样不仅满足了对灯饰的外观要求，而且可以通过这些小设备，实现智能化语音操控。

扫地机器人是这些智能家居设备里最能帮助我们节省体力的产品，很多人觉得扫地机器人使用起来并不友好，其实主要是因为地面环境条件不适宜，要么充满障碍物，要么因为有高差而难以让扫地机器人顺畅通行。但是**对于无障碍的家居环境来说，扫地机器人刚好可以如鱼得水地帮助人们完成扫拖的体力工作。**再次回顾之前我们说的，无障碍家居环境要消除地面高差和不必要的地面障碍，既满足身体障碍者对地面通达性的要求，又和扫地机器人需要的最佳工作环境达成了一致。在我的工作室完成改造之后，扫地机器人可以畅通无阻地工作，帮忙清扫房间里的所有角落。对于轮椅使用者来说，扫地本来就是一件麻烦的事，有了扫地机器人的帮助，连打扫也能轻松地实现无障碍化。

一个需要注意的细节是，扫地机器人需要一个定点的充电位，如果打算在改造后配置扫地机器人，在前期设计时就要考虑为它预留停机位和插座。我就是在卧室里的大衣柜下方预留了扫地机器人复位的空间，隐藏在柜体下方不会影响地面的通达性，机器人归位时也更整洁美观。

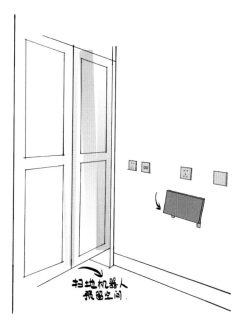

扫地机器人预留空间

◦半智能化家电

　　目前，虽然市面上智能化家电产品已经很多，但是大多数还是在新兴的起步阶段，选择产品时不得不在智能和耐用之间做一些平衡和取舍。**比如我在选择空调和电视机这种比较成熟的产品时，会首选智能化家电，将使用和控制的便捷度提升到最高。**但是还有一些家电，虽然市面上已经有智能化产品，但由于是非专业生产方或者考虑到耐用性的问题，我会退而求其次，选择专业品牌生产的半智能化产品，比如冰箱、洗碗机和洗衣机。这些产品可能无法完全达到可以用语音控制的效果，但是都可以通过手机软件连接操作，**重要的是它们的安全性和耐用性保障程度更高，也基本能满足日常操控的需求。**

2 方便与不便，
信息无障碍同样重要

在上一节中，讲述了很多智能家居产品在真实场景中的应用。的确，智能家居大大提高了生活的便利性，但目前它还不是一个绝对完美的解决方案。事物都有两面性，智能家居也同样有让人担忧的一面。

◈ 智能家居的不便

首先，智能家居的场景设计还是基于人的意识而设立的，必须要根据不同需求由基础到复杂一点一点地进行搭建，个人做不到时就需要求助专业的团队，并且在构想场景和真实场景之间会有出入或者矛盾。**想让智能家居为你服务的前提是必须充分了解自己的需求，否则这些设备并不能发挥它的作用和价值。**

其次，**智能家居产品较传统家居产品使用起来更加复杂，也更加依赖于第三方的媒介，比如手机软件**。对于老年人来说，一旦在设置的基础上发生一些问题和故障便很难解决，甚至影响日常功能的使用。比如现在都流行的网络电视，每次打开电视机都要使用好几个不同的遥控器，这对于很多老年人来说是增加了无形的挑战。

第三，**智能家居高度依赖互联网，一旦网络出现问题，所有的智能也就不复存在**。显然，随着人们越来越依赖现代化的产品，我们生存的脆弱性一直在增加，比如在大城市出现停电或者停水状况时，日常生活就很难维持正常运转。当我们越来越依赖智能家居产品时，一旦出现状况和问题，生活就可能停滞。

我们依赖的东西越多，承担的风险也就越大，这似乎是让人担忧却暂时无解的问题。不过就像所有的家电都要依赖电路一样，智能家居只是多了一层对网络的依赖，比起其为日常生活带来的便利，断网的风险劣势也就能忽略不计了。

除此之外，因为智能家居的发展还处在初级阶段，有一些产品和设备似乎没有那么实用或者稳定，但是我们可以对未来有所期待，用科技来助力更好的生活。

被忽略的信息无障碍

除智能家居给老年人带来的挑战之外，随着科技的发展，很多年长者会感到无所适从，因为科技进步太快了，而已退化的学习能力，会让他们觉得已经被时代所抛弃。我们进入了一个高度依赖电子产品的时代，在家中的大多数产品可能都要与手机或者电子设备相连，出门在外的一切事宜可能也都要基于手机程序或者网络来处理。

老年人很难在短时间内适应和操控这些电子产品，于是就出现出门由于不会使用叫车软件而打不到车，或者不会使用软件购票和付款的情况。再加上有一些软件和网页并没有做读屏设计，因此视力障碍人士无法通过语音提示进行操作。**每当我们提起无障碍设施时，想到的都是肉眼可见或者可感知到的物理设施，但是往往忽略了真正的无障碍设计应该考虑的是人们对整体无障碍环境的需求，从物理空间到虚拟的网页，只要关乎生活的方方面面都应该被考虑在内。**人们如何无障碍地获得信息资讯，如何在信息中无障碍地生活，也是无障碍设计的重要组成部分。

我使用智能家居产品时就在想，这些产品对我来说非常方便并且很有帮助，但是如果换成老年人来使用，或许是给他们设置了更多的障碍。我又想到了我的奶奶，现在每次在家里打开智能电视机时，都需要先后使用不同的遥控器，有时候因为着急甚至忘记了如何开关电视机。这也让我有所反思，在做无障碍家居设计时，我们很难确定一个真正的标准，只能根据不同居住者的需求去衡量和制定方案。

适老化改造和无障碍设计改造看起来像是一个体系下的内容，但是内在逻辑还是有本质区别的。适老化改造更偏向于一键式的简单操作，让老年人在信息的鸿沟和障碍面前能够轻松地应对；而对于肢体障碍的人群来说，无障碍设计就要偏向于如何使用复杂和先进的科技产品来提升生活品质。

3 不同障碍类型人群的不同需求

当人们在身体健硕、意气风发时，很难去想象身体有障碍时的场景会是什么样，也很少去深思不同类型的残障人士到底该如何面对日常生活中的挑战。当人们在无意识中认为无障碍这件事情和自己无关时，就会让自己对障碍视而不见，哪怕是不同类型的残障人群，也无法做到相互共情和理解，更不能充分体会彼此的困难和需求。能够平安慢慢老去的人是幸运的，但是如果面对的环境不友好，那么这种老去也就会变成不幸。**而好的无障碍环境可以为有障碍的群体赋能，亦是社会文明和进步的标志。**

大多数人能想象到的无障碍设计只是一个笼统的概念。而在此前的内容中，我所说的无障碍设计和适老化改造大多是基于肢体障碍者的需求，从客观的物理环境入手。每类残障人群的重点关注和需求也有明显差别，但是目前针对这些差别的案例很难寻找。

在我们的传统观念中，身体有障碍的人是没有能力独立生活的。因为与家庭和血缘关系的黏合度很高，一旦家庭成员中有人被视为"不正常"的残疾人，就注定了他们要依附于家庭成员而生活，成为被照料者。那些普通的家居空间设计，默认每一个使用者都是"标准化的正常人"，如同这个世界一样，所有的一切都不是为了残障群体而设计的。当环境不适合残障人士时，家人都会出于保护的心理代替或者避免让他们做一些他们本来能做的事情，**因此"残障人士"和"独立自主生活"**
似乎就变成了两个完全矛盾的概念。

　　试想一下，如果这个世界里都是聋哑人，那么人们就一定
会把世界设计成用一切去代替声音和语言的交流形式，会说话
的人反而没有什么优势；如果在这个世界里都是身体障碍者，
那么台阶就会不复存在。所以，障碍从某种角度上来说并不是
本就存在的，而是人类根据自己的习惯而人为制造的。**障碍的**
本质并不是障碍本身，而是人的固有观念和认知。

　　我曾在网上看过一个令人印象深刻的视频：在一个家庭中
只有母女两人，但她们都是盲人，做饭这件事是她们生活中最
基本的需求，但也是最大的挑战。母亲每一次打开燃气灶时，
因为看不见，都要用手去触摸，所以烫伤是习惯性的日常。因
为很难识别不同种类的蔬菜，母女两个人一年 365 天里的每一

盲人母女做饭

餐都只有一种菜，哪怕是大年三十的年夜饭也不例外。有时，因为分不清楚各种瓶瓶罐罐里面放的是什么东西，还有把洗洁精倒进锅里的危险。

当时这个视频下方的留言都充满了大家的同情，很多人都说请邻居帮一帮忙，可是很少会有人说为什么没有人设计一个感应式点火装置，来帮她们用其他方式识别火苗，而不是直接用手承受烫伤的风险（如果使用非明火的电磁炉，也要考虑温度感应以防烫伤）；为什么我们的瓶瓶罐罐上没有盲文，来满足这个群体生活中最基本的需求？当人们面对障碍时，有人在身边帮助当然是幸福的事，但是如果障碍者像这对母女一样，必须要自己独立面对生活，**我们应该用设计思维去想一想用什么方式和工具，可以帮助这类人群应对生活中所面临的困难。**哪怕只是一个小小的改变，都可能会带来完全不一样的体验。

在准备本章的内容时，我试图采访一些不同障碍类型的人士，想寻找一些他们关于无障碍家居改造的真实案例。但是在问过一些人以后，发现很少有人专门为自己的家进行无障碍设计和改造，一部分原因是**他们几乎都是跟自己的家人一起生活，遇见搞不定的事情就由他人来帮忙**；另外的原因是**很多人从身体有障碍的那一刻开始，都是去适应和习惯障碍，从来没有想过，也不知道该如何改造**；而针对不同类型的障碍者，现有的一些产品和方案也不成熟，无法对他们的生活起到更多实质性的帮助。因为缺乏实际案例，关于不同障碍类型人群的无障碍设计，我只能浅尝辄止地提及，也期待未来能有更多的专业人士给出一些更具体的指导和方案。

◆ 视觉障碍者

事实上，全盲的视觉障碍者只是视觉障碍群体的少数，大多数视觉障碍人士都会有一些感光能力，或是保留一些视觉。**如果做室内家居设计时能够花一些心思为低视力人群做无障碍设计，对于提高他们的生活便利性会有很大的帮助。**

对于看不清的人来说，更多的时候需要用听觉和触觉来帮助识别环境和物品，如何更好地进行声音指引，如何提高触觉的效率并降低触碰的危险，就成了为视觉障碍群体做无障碍设计的出发点。

首先，视觉障碍者对房间的通达性和透光性的要求和肢体障碍人群是一样的，**应尽量避免室内地面有高差和摆放障碍物，保证在室内空间中摸索和行走时的通畅度，消除潜在的磕碰风险。**

其次，**根据视觉障碍者的行为习惯设计室内动线，**家具尽量沿着房间四周靠边摆放，一方面方便通行，另一方面可以帮助他们更好地定位。

再次，**可以在明显有区域划分或者有棱角的地方做醒目的边缘提示，**比如颜色鲜艳的警示条，对于低视力人群来说，这样明显的提示是可以感知到并且有帮助的。当然，还是要根据房间使用者自身的情况来评估做此类设计的必要性和合理性。

第四，**大多数视力障碍人群的日常生活需要通过习惯或者记忆来完成，**比如定点摆放的日常用品和习惯性的生活动线。例如，走进房间后，鞋要脱下放在指定的地方，这样出门时就可以在这个地方摸到鞋；喝水和烧水的过程要有顺畅的动线，并将水壶、水杯放在指定桌子上的固定区域；卫生间洗漱用品的置物区划分要分明，避免不同产品的混用，比如把洗面奶当作牙膏；厨房里存在的危险更多，将不同的功能区域进行模块化管理，清楚地划分各区域后可以设置一些特别的边界提示，比如让刀具不要离开切菜区，避免清洁剂混入调料区等。

第五，**用开放的心态寻找一些方便生活的设计和产品**，比如可以提示水壶烧水状态的震动感应器、防止溢水的水杯等，用辅助设备来弥补硬件装修不能解决的生活问题。

听说障碍者

人类的五官感触为我们提供的最大帮助其实是规避风险，通过眉、眼、耳、鼻、口来感知和获取周围环境释放的信号，出现异样的画面、声音或味道时，我们能第一时间作出反应以保护自己远离危险。对听说障碍者来说，失去了两种重要的信息获取和交流方式后，就需要通过其他的方式来代替。

听说障碍者在家中面对的最大问题就是接收不到外界所传递的声音信号，例如当来访者敲门或者按门铃时，他们会因为没有听到从而无法作出反馈。最常见的困难还有当快递和外卖到达时，没有办法接听电话，若快递员或外卖员找不到准确地址又无法及时与其沟通，可能还会产生不必要的误解和矛盾。

将声音信号转化为视觉信号可能是对听说障碍者来说最直接有效的无障碍设计。在家中通过门铃的按钮连接信号灯，可把门铃的声音提示变为房间内四处可见的信号灯提示，以提醒业主有访客来访。

家庭成员之间的互动交流有时也需要进行转换。例如，一对聋哑夫妻需要照顾刚出生的婴儿时，如何能够及时获知孩子哭泣非常重要。可将婴儿的哭泣声传递给可穿戴的设备，例如电子腕表，通过腕表的震动信号传递信息给无法听见哭泣声音的父母，从而实现声音信号的传递。

和视觉障碍者一样，大部分的听说障碍人群也都是同家人一起生活，所以真正进行信号转换的无障碍设计案例并不常见。

但是，如果听说障碍者独居，设置这样的信号转换是必不可少的。除此之外，还要考虑极端情况，比如火灾等紧急的危险发生时，如何保证听力障碍者能及时获知并逃离现场。

报警和寻求紧急医疗求助，也是听说障碍人群所面临的巨大困难。如何为这个人群建立一键求助系统，让求助在难以及时交流的情况下获得反馈，都是容易被忽略却十分重要的细节。**在完善社会无障碍环境建设的事业上，我们仍旧任重而道远。**

◆ 认知障碍者

在室内无障碍设计中，最容易被忽略的就是认知障碍群体的需求。认知障碍者之间也有所不同，有些是先天基因缺陷而造成的发育不足，主要以儿童为主；另一部分人群是身体功能退化而造成的认知能力衰退，比如阿尔茨海默病，主要得病群体是老人。

很多有认知障碍的儿童既要面对在认知和学习方面的困难，又要面对不稳定的精神状态和情绪的波动。**在为这类孩子进行室内设计时，除了需要考虑身体方面，还需要考虑心理和情绪的需求。**在之前的内容中提到室内的色彩和材质在无障碍设计中的重要性，对有认知障碍的儿童而言，这方面发挥的作用会更大。

有认知障碍的孩子更加敏感和脆弱，对外界变化的感知力也更强。强烈的视觉或者声音刺激都会让他们不适，甚至出现应激反应。**在他们生活的空间里，需要明亮且柔和的光照，避免刺眼的光线反射的反光材质。色彩也要尽量柔和，降低饱和**

度，避免复杂的纹路和有压迫感的造型。在此之上，还可以进一步考虑通过设计来帮助他们提高认知能力，比如在孩子的卧室里设置帮助认知康复和学习区域（具体细节需要听取专业人士的意见）。在家中的公共区域，增加帮助认知的图标和标识，帮助孩子学习和掌握生活中的基本生存能力，比如区分和使用开关、规避插座风险、学习洗漱吃饭，等等。

对于老年人来说，认知障碍也许会有进行性的变化和发展。健忘是多数老人都会面对的问题，所以在做室内设计时，要注重储物空间的分类和标识，方便他们收纳和寻找物品。对于病理性的认知障碍者，主要是避免因为失智而发生危险，要划分安全和风险区域（例如厨房），并保证通过被动手段（例如安全锁）让其有效远离危险。

4

尊重生命的多样性

设计核心内容：

☑ 无障碍理念的本质是尊重个体的差异性；
☑ 设计体现人类的进步和文明；
☑ 无障碍设计是对生命的尊重；
☑ 无障碍环境和每一个人都息息相关。

1 从无障碍设计到包容性设计

　　无障碍设计是一种具体的设计方法，它通常着眼于遵循特定的设计准则和标准，关注消除障碍物，以确保残障人士能够独立地、安全地和有效地使用。谈起无障碍设计，其历史可以追溯到 20 世纪早期。第一次世界大战后，许多士兵在战争中受伤，需要适应残障生活。各国政府为了解决这群士兵的实际问题，不得不对公共场所、交通工具和建筑物进行改进，让残障人士获得更好的社会参与度和通达性，因此无障碍设计得到了大幅的发展和提升。

　　进入 21 世纪后，随着人们的意识和理念不断地进步，在无障碍设计的具体方法之上，慢慢发展出了"通用设计"这一理念。**通用设计的目的是尽可能为广泛的用户群体提供无障碍的体验，而不需要针对特定群体进行单独的设计。之所以说通用设计是比无障碍设计更先进的概念，是因为人们对障碍的认知开始发生改变。**起初的无障碍设计，只是为了某一个特定的人群而设计，人们会在无形之中对人群加以划分。通用设计则强调在一开始就将各种类型的用户需求考虑进去，而不是事后为特定群体添加特殊的适应措施。它是一种更加综合的设计方法，涵盖更广泛的用户。

　　是不是非残障人群就不需要无障碍设计呢？答案当然是否定的。**通用设计的理念告诉我们，每个人都一定会在他人生中的某一个阶段面临某种障碍，或许是在襁褓中使用婴儿车的时期，或许是在青壮年时不小心崴脚或受伤骨折导致短期无法走**

路时，还有可能是在进入暮年腿脚不便需要依靠轮椅代步的岁月。那些看似专为残障人群设计的无障碍设施，实则是更广泛的用户群体都可能会应用到的。

事实上，有很多看似专为残障人士而做的设计，最终大部分人都从中受益。比如打字机和键盘，最初就是为盲人设计的，但是现在几乎被我们所有人使用。最著名的莫过于我们每天都会使用的"路缘坡"，也是在一位因服兵役而落下残疾的美国律师的倡导下建造的，它如今方便每一个推婴儿车、拿行李箱或者骑自行车的人上下。安吉拉·格洛弗·布莱克威尔（Angela Glover Blackwell）在 2017 年的《斯坦福社会创新评论》中，将这种"最初以无障碍为出发点的设计，最终却可造福广大人类"的现象称为"路缘坡效应"。**而所有人都是通用设计和路缘坡效应之下的受益者。**

近些年，包容性设计概念如同获得新生一般，越来越多地被提及。其实早在 20 世纪初，室内无障碍设计就已经和包容性设计融为了一体。那时的设计师们开始意识到设计应该考虑到不同用户群体的需求，而不仅仅服务于单一用户。1931 年，英国建筑师戈登·卡伦（Gordon Cullen）开始探索适用于不同人群的住宅，有意识地通过设计来更好地支持身体有困难的人群，例如建议老年人的储物柜不应高于 183 cm。包容性设计比起通用设计来说，是一种更为广泛的设计理念。它强调在设计产品、提供服务或创设环境时，积极地考虑所有人的需求和设计的多样性。它超越了在设计时仅考虑残障人士和能力差异因素，还考虑了性别、种族、文化、宗教和其他身份因素。

从专门为残疾人而设计的无障碍设计方法，到尊重每一个个体的特征和差异的包容性设计理念，通过设计，人类消灭的是固有的偏见和傲慢，强调的是平等和包容。

　　本书虽然讲的是无障碍设计的具体案例，但在阐述实例时，其实一直在强调包容性设计的理念。无障碍设计并不只是为了家里的某个人，更准确地说，**家庭成员中无论男女老少，所有人的需求都应该通过设计被满足，多样性也应该被尊重。**带着这样的理念去做室内无障碍设计，就会多一些共情，少一些居高临下的俯视感。**不是要特别照顾某人，而是所有的人都能拥有自己满意的生活空间。**

小设计，大包容

在装修时人们常说：三分硬装，七分软装。一个完整的室内设计中，硬装只是一小部分，在无障碍硬装完备的基础上，如果能在软装中结合运用一些包容性设计的产品，就可以使无障碍家居环境更完善。很多时候，人们认为特殊设计或者定制设计的门槛很高，无论从经济上还是技术上，都很难做到普及。**实际上，只要内心有包容性的设计理念，很多小设计也可以发挥大作用。**在日常生活中，如果对每一件小事都多想一层，思考一下残障群体如何能顺利地使用已成型的产品适用这些场景，也会推动产品的工业设计朝着更具包容性的方向发展。

我个人非常喜欢的一个通用设计代表作 U-Wing，就很好地向公众展示了包容性设计的理念。它是由日本设计师中川聪设计的一款签字笔，通过独特的构造几乎让所有人都可以用它来写字，哪怕失去了某个手指，还可以用剩下的手指穿过圆环来书写；如果失去了手，可以用脚趾书写；甚至连手脚都不幸失去了，还可以用嘴含着笔杆书写。有了这个小设计，无论是谁在什么样的场景之下，都可以用他自己的方式拥有书写的能力，这个设计可谓实现了大包容。

北欧知名的家具品牌也和非营利组织联合推出了通过 3D 打印来实现家具无障碍的项目。宜家（IKEA）联合以色列的非营利机构推出了一组名为"This Ables"的 3D 打印家具配件。专业的设计团队邀请残障人士给予建议和反馈，为其品牌下热销的家具款式设计了 13 款具有包容性的辅助产品。其中包括可

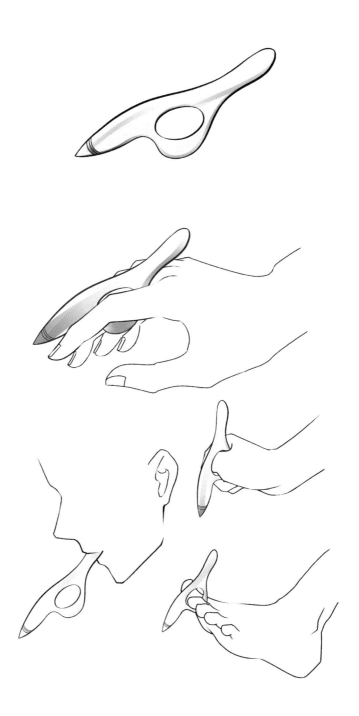

U-Wing 通用设计及用法示意图

安装在玻璃柜门上的轮椅防撞条、床边的拐杖支架、浴帘上的把手、针对小按钮的扩展电灯开关和可以升高沙发的支架等。This Ables 网站提供的免费 3D 打印附件原理图和 3D 数据模型可以让用户免费下载打印，打印完成的辅助产品可以在宜家公司推出的部分家具上直接安装使用。同时，他们还推出了线下的无障碍样板间，将这些具有包容性设计的辅助产品和家具放在一起做实景展示，给有需求的用户提供家装灵感。

　　上述的品牌和产品开始越来越频繁地出现在公众的视野当中，为人们的生活提供更多的可能性和便利性。**无论是无障碍设计还是通用设计，虽然有很多人喜欢将之称为公益项目，但实际上它不应该被称为公益，而是社会文明进步的最基本的配置。**对于企业来说，带有包容性设计的产品可以吸引更广大的用户群体，充满潜在的商业价值。许多具有前瞻性的企业已经开始关注这个领域并为之投入，为其产品的拓展招募包容性设计团队，保证自己的产品在未来的市场中具有可持续的竞争力。在社会学的范畴中，传统的观念也在改变，残障群体不应该单纯地被视为弱势群体，而是应该通过辅助技术和高新技术，让其享有平等生活和参与社会生产活动的权利。**在每一个看似微小的设计里，体现的是对人类多样性需求的包容，也蕴含着智慧和文明的火焰。**

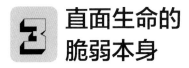

直面生命的脆弱本身

在十几年前我刚刚从活蹦乱跳的"正常人"变为哪里也不能动的残疾人时，并不知道"高位截瘫"四个字到底意味着什么。如果仅仅是不能走路，或者依靠轮椅代步，似乎听起来也没有那么可怕。**可是当我真正第一次鼓起勇气坐轮椅出行却因为一个不平的沟坎而差点摔下轮椅时，才知道自己需要面对的并不仅仅是身体的不便，还有真实世界里充满障碍的环境对我的"百般阻拦"。**似乎每一个障碍都在告诉我："回家吧，你没有资格再出现在这个不是为你而建造的世界里。"

可是回到家中，一切就会变得容易吗？当然没有，尤其是对我这种生活完全不能自理的人来说，每一个正常人想象中理所当然的轻松动作，我都需要开口去寻求帮助。无论是家人还是护工，无论多有耐心、性格多温柔，时间久了，都会露出一副嫌弃的表情。不管多克制自己的需求，似乎在别人眼里都是事儿多的人。尽管从自己的角度来看，已经把需求降低到了最基础的水平，但是双方的预期也很难达成一致。比如深夜时因为身体不舒服想打开灯，我就不能要求正在熟睡的人替我开灯，因为这种要求就会被看成是无理和矫情；再比如我对温度非常敏感，冷一点或者热一点都会觉得很难熬，但是我也不好意思让别人频繁地帮忙调空调温度。当每一件小事都需要张嘴求人时，你再乖巧懂事也会显得很招人厌烦，因为你喝水要叫人，拿纸巾要叫人，给手机充电也要叫人……这些别人无意间就能完成的动作，在我这里都成了一个个重大的事项，被麻烦的人只会觉得你为什么一刻都不能消停。

　　我开始反思，自己在坐轮椅之前好像也没有关注过无障碍的环境或者信息，因为在此之前，我从没想过 21 岁的自己会突然瘫痪。回想那个年代，互联网刚刚兴起没有多久，智能手机才出了第一代……当时获取信息的渠道很单一也很狭窄，很难接触到和自己无关的领域，所以我不为自己没思考过无障碍这件事而烦恼。但是我开始意识到，无障碍或许本就是每一个人都应该考虑的，只是从来没有什么机会和窗口。**都说种一棵树最好的时间是在 10 年前，其次就是在现在。**所以，如果认为事不关己的人们之前没有考虑过，那么现在开始也不晚。

　　公共场所的无障碍设计有一些立法或者标准支持，然而作为普通的个体，很难干预其有效性和实用性。但如何能让自己的家生活起来稍微方便一点，并不是一件可望而不可及的事。**在看过世界多个酒店的无障碍房间和公共场所的无障碍设计之后，我的脑海里对无障碍之家的想象逐渐清晰。我在查阅了各种标准和案例之后，发现最了解自己需求的就是自己，其他的建议只能作为参考。**不是这些标准不对，只是不适合我而已。所以在写案例的过程中，我一直强调的是没有标准，或许是因为我不够专业，但更深层次的原因是我伤得太严重，身体受的限制太多，一般的人根本无法理解我面对的困难到底是什么。我邀请设计师朋友一起来帮我优化构想，让这个无障碍的空间真正为自己而设计。**我也想鼓励每一位看到这本书的需求者，大胆说出自己的需求和痛点，放下莫名的自卑和总觉得给别人添麻烦的愧疚感，为自己的生活负责。**

　　很多人或许对无障碍设计的期待过高，认为无障碍设计可以解决一切障碍和困难。**但我从来没有把无障碍设计神化，我深知它无法消除我在生活中所面对的困苦，只期待它能为自己**

的生活提供改善和帮助，哪怕只有一点点。如果无障碍设计可以让我把需要求人帮助的 10 件事减少到 7 件事，那么我就可以获得 3 件事的自由和尊严。所以，我并不赞同有些媒体的夸大其词，好像有了一个无障碍设计的房间，我就能完全独立地自主生活，完全没有烦恼。**对我来说，少求人一次就能获得一些轻松，就能减少一丝生活中的不便所带来的压迫感。**而在我生活的空间里，多一样东西可以被我掌控，哪怕只是开灯这样的小事，也会为我带来一丝安慰和快乐。这样的感觉我相信很多人不懂，但是我更相信一定会有人懂。因此，室内无障碍设计的意义在我看来不深刻也不远大，它无法像公共无障碍设计那样让更多的人使用和受益，但是**它可以让每一个有障碍的人在最能获得安全感的地方——自己的家中，获得久违的尊严。甚至不夸张地说，能让他们获得一缕让生活充满希望的光。**

　　我们每个人当然都希望自己的一生平安顺遂、健康无灾，但是我们必须**在面对突如其来的改变时，拥有勇气和武器去面对完全不一样的人生。**当下，每个人都在努力让自己变得充满竞争力，却在越来越内卷的现状之下开始怀疑和否定自身的价值。人们似乎忘了生命的本质是在看似顽强的表面之下充满了无常的脆弱性，在这个世界上艰难地活下去，每个人本身的存在已是难得。**无论是无障碍设计的方法论还是包容性设计的理念，它们的内核都是对生命脆弱性的尊重。**那些需要长期面对身体障碍和缺陷的群体，让人们看到了人类顽强的生命力，这个群体的存在让人们对生命的脆弱状态有了不同角度的思考。**这种思考会激发一种同理心，这种同理心会让自己将来可能面对同样的境遇时，有更多的准备和借鉴。因此，同理心并不是源于同情，更不是隔岸观火般高人一等，而是物伤其类的未雨绸缪。**

　　无障碍环境不只是专业人士需要关注的，即便是暂时和普通大众无关，它也一定会和每一个人生命周期中的某个时刻产生千丝万缕的联系。**如果每个人都能对无障碍设计多一些了解，那么当我们直面自己或亲人朋友生命中的脆弱和失能时，就没那么惶恐不安和措手不及了。**

4 立足当下，未雨绸缪

　　如今在中国，人们对室内无障碍设计和改造的需求远远超出市场可提供的专业服务。**从多达 8500 万人的庞大的残疾群体，到超过 2 亿的老年人口数量，**如果按照一般的家庭人口结构比例来推算，受影响的人数会超过 4 亿甚至更多，而目前真正能规划并完成改造的家庭凤毛麟角。对于家庭黏合度更高的中国人来说，每一个家庭成员的感受都会相互作用，最终形成一种家庭氛围。**友好的无障碍家居环境能帮助有残障人士或老人的家庭生活更加轻松，减少矛盾的发生频率，从而提升每位家庭成员的生活幸福感。**所以无障碍的家居环境绝不只是对家里的某一个人有积极的影响，它也会在无形中改善一个小团体的生活状态。

　　目前中国已经进入老龄化社会，居家养老在未来也将是主流的选择。为了不让晚年的生活质量大幅下降，除在经济上进行储备以外，**越来越多的人选择在 75 岁，甚至 70 岁之前就做好家庭的适老化改造。**而这些改造不仅要满足 70 岁的生活状态，而且需要为以后更老的自己留有预设空间。有些无障碍设计或许能做到一步到位，但更多时，我们需要用发展的眼光进行设计。例如之前我们在卫生间的部分就提过，对于进入初老阶段的人来说，使用卫生间时，可能只是需要一个扶手帮助他更轻松地坐下或起身。但是随着年纪的增长和身体机能的进一步衰退，可能就需要使用洗澡椅或者坐便轮椅如厕。**在进行空间改造时，要给未来的变化留有应对的空间和余地。**

　　除了居家养老需要无障碍设计，养老机构也同样需要室内无障碍设计。在这种情况下，设计师考虑的就不只是满足单一个体的需求，而是在公共的普适化需求和个体需求差异之间作出平衡。目前我们有一些理论基础和标准规范，但是缺乏充足的实践验证和案例反馈。无障碍设计领域的发展和未来，不仅需要更多行业的权威专家做出更专业化的指导体系，而且需要每一个从业者的学习和关注，把旧观念中的特殊化设计变成一个常态化的知识储备和能力。**在未来，每一位设计师在提供室内设计方案时，无障碍化都应该成为默认的选项之一，至少要保留日后无障碍改造的条件和可能性。**

　　作为成年后重残的独生子女，看着逐渐年迈的父母，担忧和焦虑的情绪并不能解决我未来需要面对的生存和养老问题。唯一能做的就是在现有的基础上提高生活空间的便利性，并思考和寻找若干年后可行的生活方式。**我经常自我宽慰，自己只是比同龄人更早地去面对这样客观的实际问题。从另外一个角度来看，我也正在为暂时不需要考虑无障碍环境的同龄人和他们的父母进行实践性的摸索和探路。**在面对障碍的困境上，我的劣势似乎成了优势，提前拥有了更加丰富的感受和经验，也就少了对未来的恐惧和不安。**在直面生命脆弱性的同时，我们每个人更需要对生命周期的各个阶段进行客观的认识，坦然地去接受衰老和失去的过程。**

　　无论是伤残还是老去，都是生命存在的一种形式，而不是生命中的罪恶或者负担。**我们每一个人都需要去学习这门生命的必修课，勇敢面对和接受任何状态下的自己。无障碍设计和改造的过程，也是正视自我和改变偏见的过程。**关于对残障或失能群体的人文关怀，我不提倡过度形式化的活动，虽然志愿者献爱心的确会带给人感动和温暖，但是并不能一劳永逸地解决生活中细水长流的需求和问题。活动结束后，问题还是得不到根本解决，困难依旧需要个人去面对。打个不是很恰当的比喻，如果腿脚不方便的人想去往山顶看风景，组织一堆爱心人士帮忙抬、拉、背扛固然很让人感动，但是这种付出之所以叫"献爱心"，是因为双方从一开始就失去了平等，是给予和接受。那些被抬上山顶的人，内心除了有完成心愿的欢喜和对他人的感恩之心，还有一分给他人添麻烦的愧疚之心。**如果是商业化的风景游览区，坐轮椅的人当然也有去往山顶的权利，更好的方式是完善缆车和索道的无障碍设施，让轮椅乘客也能像其他人一样体面并安全地到达观景平台。**虽然通过人力的帮助和改善无障碍设施两种方式都能达到去往山顶的目的，但不同的方式包含着完全不同的情绪和意义。**相比于对残障人士的"优待"，给予合理的便利条件，让整个群体能最大限度地和他人达成一致的目标，才是真正的尊重和平等。**

　　从公共交通到旅游景点，从公众区域到个人居所，无障碍环境必须被每一个人所重视。放眼当下，有一个拥有难以想象数量的庞大群体因为无障碍设施的不完善而隐匿在社会之中，成为存在而不可见的神秘群体，让人们误以为这就是他们应该默默接受的状态。**看向未来，当我们老去时，如果没有友好的无障碍环境，每一个人都有可能成为那个不得不远离社会的人。**没有人愿意成为负担或别人眼中"不中用"的人，**每一个人都希望自己无论何时，在任何状态下都能保持优雅且从容，还能做自己想做的事，去自己想去的地方，直到生命的最后也能自由自在。**

　　无障碍设计，不是为了帮助别人，而是为了未来的自己。

附录

Appendix

装修需求清单

序号	设备	空间位置
1	电视机 / 投影仪	客厅 / 卧室
2	隐藏式冰箱	客厅
3	茶水台 / 烧水台	客厅
4	储物空间	客厅
5	鞋柜（多格、大，可在储物空间内）	客厅
6	壁桌（2~3人位）	客厅
7	L 形办公桌	客厅
8	餐桌（壁桌，一半常用，一半可伸展供多人聚会用）	客厅
9	休闲区	客厅阳台
10	双人壁床加储物柜 / 衣柜	卧室
11	单人壁床	卧室 / 客厅
12	隐藏休闲桌	卧室阳台
13	洗手化妆台	卫生间干区
14	L 形洗澡壁椅和扶手	卫生间湿区
15	洗衣机	厨房
16	洗碗机 / 水槽洗碗机	厨房
17	厨余垃圾粉碎机	厨房
18	制冷 / 通风设备	厨房
19	烤箱	厨房
20	智能控制（灯、窗、窗帘、空调、电视机、扫地机等）	全屋

装修费用清单

基建项目	费用（元）	人工项目	费用（元）
拆除费	4000	设计费加效果图	18000
垃圾清运	5000	水电工和安装	2800
沙子水泥	2550	瓷砖铺贴	5200
木工料	3800	木工工费	2500
油漆料	2000	瓦工基础工费	800
储藏间钢架	3300	油漆工工费	2400
地暖	10800	其他工费和安装费	7800
防水	800		
卫生间干区瓷砖加切割	2500		
卫生间、厨房、阳台瓷砖	7000		
瓷砖美缝	1200		
石膏线	800		
水电材料	3000		
石面物料及加工	1100		
杂料、边角料	750		
厨房吊顶	1100		
木地板	8000		
门窗和五金	15000		
定制家具	32000		
智能家居产品改造	20000		
其他家电产品	23000		
插座	800		
窗帘、壁布	6800		
软装配饰	12000		
合计	167300	合计	39500
		共计	206800

智能家居需求清单

序号	智能家居场景及设备		推荐度	备注
1	进大门	能否实现用手机开门锁？若不行，就用普通门锁	根据个人需求	根据使用习惯
2	入户时/开门时	白天窗帘自动开启，晚上客厅灯自动打开	根据个人需求	需设置
3	照明	可语音控制房间中所有照明开关	强烈推荐	智能开关
4	空调	可语音控制所有细节的调整	强烈推荐	智能空调
5	卧室及客厅窗户	可语音控制开关	强烈推荐	窗户附近留电源
6	窗帘	可语音控制开关	强烈推荐	窗户附近留电源
7	扫地机器人	可语音控制开关	强烈推荐	柜子底下留空和电源
8	空气净化器	可语音控制所有细节的调整	根据个人需求	预留电源
9	客厅电视机	可语音控制所有细节的调整	强烈推荐	预留电源
10	卧室投影仪	可语音控制所有细节的调整	根据个人需求	预留电源
11	智能晾衣架	可语音控制所有细节的调整	强烈推荐	预留电源
12	洗衣机	半智能	根据个人需求	考虑耐用性
13	洗碗机	半智能	根据个人需求	考虑耐用性
14	起夜灯	自动感应	推荐	智能开关可替代